U0142903

林景新、李智仁————————著

從EPS到ESG
——案例式財務管理

增訂第二版

五南圖書出版公司 印行

賴 序

　　李智仁教授和林景新教授的《財務管理新論》增訂再版，書名改爲《從EPS到ESG——案例式財務管理》。新版書增加第十四章：「從EPS到ESG——財務管理新思維」，解析ESG的重要問題，反映企業經營的新趨勢，蔚爲本書一大特色。

　　「經營者爲誰而經營公司」？這個問題一直有股東利益優先論（shareholder primacy）和企業社會責任論（social responsibility）的爭辯。股東利益優先論認爲，經營者必須以謀取股東最大利益爲目標。企業社會責任論則相信，經營者不能只爲謀取股東的利益，更應妥善照顧員工、消費者，保護環境，以增進社會的整體利益。

　　公司法2018年8月修正時，增訂第1條第2項，明定「公司經營業務，應遵守法令及商業倫理規範，得採行增進公共利益之行爲，以善盡其社會責任」。企業社會責任論正式寫進公司法。

　　爲督促企業善盡社會責任，政府要求上市、上櫃公司編製永續報告書，說明公司如何在環境（E）、社會（S）和治理（G）方面，具體實踐社會責任。2023年台灣有將近半數的上市、上櫃公司，即877家，編製公布「永續報告書」。展望未來，公布的家數還會增加。

　　兩位作者學驗俱優，重視企業發展的新趨勢，讓讀者在閱讀本書之時，理解公司財務管理和ESG相結合的可能性，不但開闊讀者的視野，更有助於企業社會責任的實現。特爲推薦。

前司法院院長

賴英照

李 序

　　1895年12月28日，法國盧米埃（Lumière）兄弟在巴黎嘉布欣大道（Boulevard des Capucines）的咖啡廳地下室，公開放映了他們所拍攝的一部黑白無聲紀錄片，這部五十秒左右的無聲片《火車進拉西奧塔站》（L'Arrivée d'un train en gare de La Ciotat）成為人類史上第一部放映的電影，也影響了後世熱愛電影的各類工作者相繼逐夢。這部紀錄火車進入車站的影片，主要呈現蒸汽火車從遠處漸漸地駛進車站的實況，以長鏡頭方式單一且不加修飾地描繪日常生活的片段。電影播放過程中，當近乎真實比例的火車駛近觀眾時，觀眾被嚇得驚慌失措甚至倉皇逃離，深怕被火車輾壓。雖然有學者懷疑該事件的真實性，但我們不容否認，透過影像傳達的真實感，的確會令人感到震撼與新奇。這樣的震撼與新奇，從1895年迄今仍然在發生；由於科技的發達，各項服務已經從線下（offline）到線上（online），從實體到虛擬，產生不同的服務型態，例如元宇宙（metaverse）。有趣的是，在虛擬空間中見到的真實，一樣帶來震撼與新奇。

　　在企業財務運作的每一天，所面臨的都是實際的挑戰；然而，對於學習者而言，因為尚未接觸到這份實際，因此單憑理論與記誦，固然能有理解之能，但少了應用之功。也因此，常見到許多初臨財務職場者，如見到火車進站般地驚惶失措。為使這份不安降至最低，進而提升學習的新奇與樂趣，遂與林景新老師共同思考撰寫《財務管理新論》乙書，並於今年增訂再版並更名為《從EPS到ESG──案例式財務管理》，希望透過案例式的引導，讓讀者提前模擬企業所可能面臨的各項財務管理議題與挑戰，藉由理論與實務並重的學習，讓自己熟悉甚至喜愛財務管理。

　　近年來借調擔任文化部國家電影及視聽文化中心執行長，除平日推動國家文化發展等相關公務外，發現財務管理仍為各領域企業的

基業長青之道（不限於文化產業），然諸多企業經營者或工作者對此熟悉者甚少，至為可惜。《財務管理新論》出版後收到廣大迴響，我們並不以此為滿足，在《從EPS到ESG——案例式財務管理》中，我們提醒所有企業應該在財務表現（EPS）外，更應該重視非財務指標的ESG，成為善盡社會責任的企業公民，邁向永續之路。感謝恩師賴英照教授賜序，以及從未間斷的關懷與勉勵；感謝共同作者林景新老師，沒有他豐富的實務經驗，這本書不會如此精彩；感謝五南出版社編輯群與同仁們的協助，讓這本書有最專業的呈現；感謝所有喜愛本書的朋友，因為您們的鞭策，才會讓這本書繼續成長茁壯。

李智仁
2023年12月於台北

林 序

財務管理著重於企業資金的需求與籌措、資本結構、股利 政策等理財活動,是在既定之營運目標下,執行有關資產購置(投資)、資金融通(籌資)、營運現金流量(營運資金)以及利潤分配管理的學問。對於財務管理者或企業領導團隊而言,能善用投資、融資以及各項長短期資金,便能讓企業從設立到成長以至於茁壯始終從容而不匆促,因此,財務管理既是一項技術,也是一門藝術。

衷心感佩實踐大學一路走來始終秉持教育實踐的教學理念,讓我也學會如何肩負起教育工作者甜蜜的責任。課餘挑燈著作並不是一件輕鬆的事,但心想若能量身打造一套對於甫接觸財務管理的學生或社會人士,並協助他們對於企業在資金之需求與管理、融資管道、資本結構、財務規劃、財報分析、投資評估及決策制定等實務之財務活動有正確及理解的教學系列用書,本人也樂此不疲。本書淺顯易懂,刻意少用艱深、專業的名詞與圖表,期許您也能效法本書應用情境中的財務長,在撲朔迷離的財務世界,無論您面對各樣的難題,必能處變不驚而終究慎謀能斷。

最後,誠摯地感謝跨領域教學趨勢的專家——李智仁教授,若非他毫不藏私地傾囊相授,本書勢必難以完備。也感謝家人及五南出版社劉靜芬副總編輯及林佳瑩責任編輯的配合與包容,方能成就此書。再次謝謝您們!

林景新
2023年12月

初版推薦序一

　　財務管理或稱爲公司理財，是商管學院基礎課程，坊間似乎從來不缺這方面書籍。坦白說，大部分讀起來乏味，無法連結實務場景，很難讓讀者有感覺。

　　本書書名爲財務管理「新論」，嘗鮮讀後，閱讀過程如同人誌（cosplay）、VR／AR於財務管理的應用情境實境秀，作者嫻熟的納入企業運作情境，引導讀者隨實務情境走一趟，如臨實境體驗財務管理於企業運用，此論述結構謂之「新論」。

　　本書開始，應用情境1，三位大學同窗好友畢業後在不同領域累積出好成績，興起一同創業念頭，由此開始走入實務情境第一關，如何籌設公司？考慮到初次接觸此領域讀者，就算經歷實境秀，無法眞實理解企業於不同階段採取對應策略的緣由。接下來，如第一章節名稱—凡事豫則立，詳實說明公司設立概念、流程、股份發行、經理人應擔責任與公司治理、社會責任，以引導式學習帶領讀者克服關卡。

　　隨著本書內容的帶領，由創業理念落實公司成立，直至股票公開發行，進入交易所掛牌交易。這過程中企業可能遇到的資金融通管道、短中長期資金運用、投資決策關鍵因素、適當資本結構、股利政策、股東權益與投資人重視的EPS等。另外，企業的併購與無形資產評價如何影響財務決策。上述種種關卡擺在公司持續發展路上，作者設計一系列實務應用情境，帶領讀者進入企業經營實境秀，注入專業知識，引導解決問題，是難能可貴的體驗。另外值得一提的是，本書的應用情境設計，還考慮不同角色扮演（老闆、員工、財務人員）看問題角度，值得讀者省思。

時值知識爆發時代，教育環境也不斷變化，個人也時常分享理論與實作結合的重要性。喜見本書也體現了這份重要性，除感欣慰外，也樂爲之序。

銘傳大學金融科技學院院長

李進生

2020年2月

初版推薦序二

芳菊開林耀　牆角數枝梅

　　認識本書兩位作者李智仁教授、林景新教授已有數年，近日有幸先拜讀兩位最新力作「財務管理新論」，深感榮幸也深深佩服兩位在教學與實務工作繁忙之際，仍然願意撥出寶貴的時間，著作商學領域工作者都必須具備的核心知識與技能：財務管理。景新教授之前曾經服務於台灣積體電路公司及其他知名企業，對於企業經營管理、公司治理與內部控制有深厚的學養與實務經驗；離開企業界後，從事企業經營診斷、經營績效提升、內控制度設計等企管顧問的服務工作，目前擔任熹瑞國際顧問公司高級顧問，並任教於銘傳大學金融科技學院及實踐大學管理學院；3年多前更進一步參加由本人講授之TACVA與工業技術研究院（ITRI）共同開辦「無形資產評價種子師資CVA國際認證班」的課程，順利通過84小時課程訓練、5小時英文筆試，以及企業與無形資產評價英文個案實作報告撰寫能力評核等三個階段的嚴格篩選與評核，順利獲得由TACVA總會美國評價分析師協會（National Association of Certified Valuators and Analysts, NACVA）頒發、全球認可之評價分析師（Certified Valuation Analyst, CVA）證書，取得CVA資格。

　　智仁教授擁有法學博士學位，但卻橫跨法學、金融、企業管理與創意文化等四方面不同領域的教學、研究與實務工作；金融監理與法制、創意產業財務與法制、金融科技與法制、信託法制與實務為其目前研究的主要領域；創意產業之智慧財產權保護、創意產業財務暨融資專題、創意產業風險管理及企業管理與法律為其目前主要教學科目。由於思慮周詳、縝密且前瞻、視野寬宏，論述分析問題聚焦核心、條理分明，且佐以豐富的學養與深厚的實務經驗，每每能夠對問題提出具體可行的解決方案。因此智仁教授目前擔任諸多政府部會一

級單位之諮詢委員或顧問。智仁教授教學研究之餘仍然樂於著作，包括企業管理與法律叢書、信託法制案例研習等書，都是一版再版，可說是洛陽紙貴、深受好評的戮力之作。此外智仁教授目前也是正聲廣播電台「生活好漫遊」節目製作及主持人；該節目自從開播以來佳評如潮、精彩連連！也可以窺見智仁教授的多方面才華！

　　由本書之篇幅頁數觀之，似乎不是厚重艱深之作。然綜觀本書內容，由公司設立與財務決策出發（第一章），接下來認識外部環境：金融市場與金融機構（第二章）、財務報表與公司理財（第三章），再依序說明貨幣的時間價值觀念、短期性質之營運資金與流動資產管理、中長期融資與財務規劃、資本預算的考量評估與管理、資本結構與公司決策、財務管理與企業併購，以及財務管理與無形資產評價等共計十三章，除完整呈現財務管理的核心觀念與技巧外，每一章內容以「應用情境」的方式，由實務上的問題帶出每一章要闡明敘述的觀念、知識與運用技巧，非但能聚焦於每章的核心議題，亦能提高閱讀者的興趣與注意力，就個人超過30年的教學與實務工作的經驗，這是國內少數以職場實際工作者及財務管理實務運用的角度與觀點的戮力之作；此外本書舉例儘量與時事結合，用字遣詞流暢、易懂，也達到對讀者友善的要求了。

　　由於兩位作者的熱情邀請，囑余作序，雖自知才疏學淺，仍勉力為之。在構思下筆之前，也聯想到個人相當尊敬、喜愛的兩位詩人：不為五斗米折腰的靖節先生陶潛（字淵明），以及唐宋八大家之一的王荊公安石（字介甫、號半山）的兩首詩：「芳菊開林耀，青松冠巖列。懷此貞秀姿，卓為霜下傑」（陶淵明）。「牆角數枝梅，凌寒獨自開。遙知不是雪，為有暗香來」（王安石）。本書兩位作者孜孜於作育英才，除了課堂教學之外，也願意硯田筆耕！有如芳菊、白梅不

畏風霜嚴寒，獨自盛開於林間或牆角！懷此貞秀之姿也要不斷傳送芬芳，相信本書必能為眾多莘莘學子所喜愛，引領其進入財務管理的美麗殿堂！

謝國松 博士

會計師（台灣及大陸）

評價分析師（NACVA）

證券分析師（ROC）

中華國際企業與無形資產評價暨防弊協會

（TACVA, NACVA-TAIWAN CHARTER）創會理事長 常務理事

誠信聯合會計師事務所 合夥會計師

中華民國會計師公會全國聯合會 會計師業務評鑑委員會 執行長台北市會計師公會紀律委員會 委員

初版作者序一

「輪台東門送君去，去時雪滿天山路。山迴路轉不見君，雪上空留馬行處。」這是岑參在《白雪歌送武判官歸京》一詩中見到的山水；「天門中斷楚江開，碧水東流至此回。兩岸青山相對出，孤帆一片日邊來。」這是李白在《望天門山》一詩中感受到的山水；「青山遮不住，畢竟東流去。江晚正愁余（或作予），山深聞鷓鴣。」則是辛棄疾在《菩薩蠻‧書江西造口壁》中見到的山水。詩人們徜徉於山水之間，寄情於詩詞當中，物我兩忘，天人合一。山水或有相似之處，然情懷卻有不同展現。

財務管理（Financial Management）是一門有趣的學問，在財金、企管、法律甚至金融科技相關系所，都能見到它的身影，其重要性可見一斑。但由於各該整體學門有其不同規劃考量，財務管理的授課占比也因此有所不同；加上學生在實力養成的背景不同，從而面對此學科時的領受能力與狀態自然也有所差異，如同詩人眼中的山水，各異其趣。這項差異，對於教育者而言，也能充分感受；更有甚者，伴隨跨領域教學的趨勢越發普遍，要如何讓學習者能夠在有限的時間內，掌握財務管理的核心重點，進而能夠加以活用，更成為未來人才養成的樞紐。本書藉由跨領域作者的解讀觀點，結合案例與重點分析的方式，希望讓財務管理的知識更形普及，也期待能夠縮短學用之間的落差。

從人類的經濟發展沿革以觀，工業革命後帶動生產技術的進步，也促使企業規模的擴大，進而產生資本的累積與運用問題，如何善用良好的財務管理觀念與經驗，作出財務決策，是企業得以賡續發展且基業長青的法則。本書從企業成立的端點出發，貫穿金融市場與機構，進而探討短、中、長期資金運用的公司理財問題，並提點決策者在進行投資時應掌握的各項關鍵。除此之外，在日趨全球化的時

代中，數據的解讀以及企業間的併購都將影響財務管理的進行；更有甚者，在創新（Innovation）的浪潮中，企業所持有的無形資產與有形資產之比例也開始產生改變，倘若能夠妥善結合無形資產評價之技術，將有助於財務決策之作成，並彰顯企業之價值與發展潛力，這也是這本書的特色之一。

　　寫書並不是件輕鬆的事，撰寫完成後的校對工作更是考驗著團隊的默契與耐心。感謝共同作者林景新顧問的合作默契與辛勤付出，家人與五南出版社專業夥伴們的包容，以及賢隸陳以利先生的校稿，方有此書之成。最後，謹以這本書獻給先父—李光舟董事，感謝父親自幼及長的栽培，並給予我多方涉獵不同領域的機會與鼓勵，沒有這些機會，無法開啓不同的眼界，沒有這些鼓勵，我將缺乏邁步的勇氣。謝謝您！

李智仁

2020年春節於台北

初版作者序二

　　「哲人日已遠，典型在夙昔」，謹以這本書獻給最敬愛的先師—謝敏致老師，謝老師刻苦勵學，大學畢業後返校任教，終其一生奉獻予母校基隆高中。在我青少時期蒙昧無知、曠日彌久，有如亡羊走迷了路，幸而當年的心靈導師鍥而不捨、動之以情、曉之以理，終於使亡羊迷途知返。未來不論是在教學上，或是在兩岸學術交流與產學合作上，本人定將效法先師，秉持「人之兒女、己之兒女」的教育理念，鞠躬盡瘁爲培育莘莘學子貢獻棉力。

　　財務管理注重企業的資金需求和籌措、資本結構、股利政策等理財活動，是在既定之營運目標下，關於資產的購置（投資）、資金的融通（籌資）和營運中的現金流量（營運資金）及利潤分配的管理。所謂「運籌帷幄之中，決勝千里之外」，企業領導人若能知人善任、不恥下問，又能深謀遠慮、審慎評估企業內部所擁有之有形與無形資產，並且結合企業暨無形資產評價專業之技術，將有助於提升發展潛力、彰顯長遠價值。在撲朔迷離的財務世界，如果您也能效法本書應用情境中的財務長，無論面對各樣的難題，總是先能處變不驚而終究慎謀能斷；反之，倘若決策者受到景氣翻轉的錯誤訊號影響而誤判投資決策，不但影響到公司的獲利，甚至拖累了未來的融資及營運。

　　本書淺顯易懂，刻意少用艱深的專業名詞及圖形，旨在協助甫接觸財務管理學門的學生或社會人士對於企業在資金需求與管理、融資管道、資本結構、財務規劃、投資評估及決策制定等財務活動有正確及重要之理解。完成本書除了感謝銘傳大學與實踐大學不吝給予機會之外，更要特別感謝銘傳大學金融科技學院李進生院長的眞知灼見。李院長除了毫無保留地提攜後輩外，在教學領域及專業技能上，更苦口婆心地提醒老師們務必身體力行，爲金融科技學院建立一套量身打造的教學系列用書。

最後，誠摯地感謝我在著作領域的啓蒙老師─共同作者李智仁教授，若非他殫精竭慮、不遺餘力地傾囊相授，本書勢必難以完備。也感謝我的家人及五南出版社劉靜芬副總編輯及林佳瑩責任編輯的配合與包容，方能成就此書。謝謝您們！

林景新

2020年1月28日

CONTENTS

CONTENTS

CONTENTS

公司設立與
財務管理決策

應用情境 1

　　甲、乙、丙三人是大學同窗，畢業後各自在不同領域努力，累積了許多好成績。某日聚首時，大家有志一同地興起創業念頭，有意多角化經營並進軍國際市場，逐積極地籌備成立新組織。以下是籌備過程的相關討論：

▶ 一定要成立公司嗎？能否設立「一人公司」？應選擇設立哪一種類型的公司？

▶ 章程應該怎麼寫才不會有所疏漏？

▶ 申請公司設立需要哪些流程與文件？

▶ 需要發行股份嗎？如果需要，應該怎麼做？可否不以現金的方式出資？

　　由於三位同窗各有專業，但在面對公司成立的第一步驟時，也特別謹慎。上開問題應該如何解決呢？

一、凡事豫則立——公司設立之基本概念

　　在實務上，新創事業依據設立資金的規模或經營策略的考量，可以有不同的選擇。如果不想設立公司組織，可以選擇「獨資」或「合夥」方式進行合作。所謂獨資是指以個人單獨出資的方式成立之營利事業，亦即投資人只有一位。由於獨資不是公司組織，事業名稱不得使用「公司」名稱，大部分常見者如○○「商號」，或以「行」、「店」、「坊」、「社」等作爲事業名稱；此外，合夥是指由2人以上共同出資成立之營利事業，投資人不只一位。由於合夥也不是公司組織，事業名稱也不得有「公司」字樣，只能稱爲○○「商號」，或一樣以「行」、「店」、「坊」、「社」等爲事業名稱之結尾。必須注意的是，以獨資或合夥方式經營之事業，原則上應依商業登記法辦理商業登記，例外可以免依商業登記法申請登記的有：㈠攤販；㈡家庭農、林、漁、牧業者；㈢家庭手工業者；㈣民宿經營者；㈤每月銷售額未達營業稅起徵點者（商業登記法第5條第1項）。除了上述㈠至㈤的例外，獨資或合夥非經商業所在地主管機關登記，不得成立。而在負責人的認定上，獨資組織的負責人爲出資人或其法定代理人，在合夥組織則爲執行業務之合夥人，此外，經理人在執行職務範圍內，也是商業（即獨資與合夥）負責人。

　　因應社會不同營利組織的設立需求，新創事業也可以選擇設立「公司」。公司是以營利爲目的，依照公司法組織、登記、成立之社團法人（公司法第1條第1項），其種類依據公司法第2條第1項之規定，可分爲無限公司、有限公司、兩合公司以及股份有限公司。目前台灣依法設立登記的公司家數超過65萬家，其中「有限公司」及「股份有限公司」合計家數占總數的九成。

《公司法》第2條

公司分為左列四種：

一、無限公司：指二人以上股東所組織，對公司債務負連帶無限清償責任之公司。

二、有限公司：由一人以上股東所組織，就其出資額為限，對公司負其責任之公司。

三、兩合公司：指一人以上無限責任股東，與一人以上有限責任股東所組織，其無限責任股東對公司債務負連帶無限清償責任；有限責任股東就其出資額為限，對公司負其責任之公司。

四、股份有限公司：指二人以上股東或政府、法人股東一人所組織，全部資本分為股份；股東就其所認股份，對公司負其責任之公司。

公司名稱，應標明公司之種類。

　　不過，在進入事業推動的階段前，許多人常將「公司」與「企業」二個概念混為一談；事實上，企業的概念較廣，可以包含依公司法辦理登記的公司及依商業登記法辦理商業登記的獨資與合夥。依經濟部中小企業認定標準之規定，該標準所稱中小企業，指依法辦理公司登記或商業登記，並合於下列基準之事業：

　　㈠製造業、營造業、礦業及土石採取業實收資本額在新臺幣8,000萬元以下，或經常僱用員工數未滿200人者；㈡除前款規定外之其他行業前一年營業額在新臺幣1億元以下，或經常僱用員工數未滿100人者（中小企業認定標準第2條）。此外，實務上常聽到的「微型企業」並未有明文定義，但一般以中小企業發展條例第4條第2項所稱「小規模企業」作為依據，係指中小企業中，經常僱用員工數未滿5人之事業（中小企業認定標準第3條）。

二、公司之設立流程

　　依據公司法第2條之規定，公司種類有四種，又以有限公司及股份有限公司占整體比例之大宗。有限公司的架構簡便且股權較穩定，但股份有限公司的架構較完整、股權流動性高且較易多角化發展等優點，也是選擇的重點。新創事業可以根據實際需求選擇適合自己的公司型態；或是考慮初期先採取有限公司，之後視情況需要再改組為股份有限公司的彈性做法。從甲、乙、丙三人有意多角化經營並進軍國際市場之設立基準以觀，應當選擇公司作為經營組織，而非獨資或合夥；而在公司種類的選擇上，似以股份有限公司較為適宜。

　　在設立條件上，有限公司可以由1人所成立，股份有限公司原則上則應有2人以上為發起人，但例外可由政府或法人股東1人成立「一人公司」（該公司之股東會職權由董事會行使）。甲、乙、丙三人以自然人身分成立股份有限公司，在合法性上沒有問題；而甲、乙、丙三人也具備發起人身分，應以全體之同意訂立章程，載明下列各款事項，並簽名或蓋章：㈠公司名稱；㈡所營事業；㈢採行票面金額股者，股份總數及每股金額；採行無票面金額股者，股份總數；㈣本公司所在地；㈤董事及監察人之人數及任期；㈥訂立章程之年、月、日（公司法第129條）。此外，發起人認足第一次應發行之股份時，應即按股繳足股款並選任董事及監察人；發起人不認足第一次發行之股份時，應募足之。

　　公司之設立，意味著市場上增加了一個新的企業主體，為了保障交易安全，公司法也明文規定：「公司非在中央主管機關登記後，不得成立。」（公司法第6條）也因此，公司之設立登記便成

為重要的關鍵。詳言之，設立公司要先向經濟部或各縣市政府所屬主管機關申請「營業登記」後，再向國稅局申請「稅籍登記」。實務上的重要流程如下：

㈠ 確定公司負責人與資本額。

㈡ 確定公司種類。

㈢ 公司名稱之預查：是指申請人可以先進入「經濟部－公司名稱暨所營事業預查輔助查詢」系統（https://serv.gcis.nat.gov.tw/pub/cmpy/nameSearchListAction.do），確認公司名稱是否已有人使用，之後可送經濟部正式查名，預查核定書一般約1～3天後便可收到。

㈣ 刻公司之大章（公司章）與小章（負責人私章）及銀行開戶。

㈤ 會計師查驗資本：當公司資本額存入公司所開的銀行戶頭後，依據存款證明會計師得以簽核並出具資本額查核簽證報告，連同公司章程一併申請公司設立。

㈥ 準備送件資料：

　　1. 設立登記申請書、公司名稱預查核定書。

　　2. 公司章程影本。

　　3. 股東同意書影本。

　　4. 股東身分證影本。

　　5. 董事願任同意書。

　　6. 公司登記所在地之建物所有權人同意書或租約。

　　7. 公司所在地建物之最近房屋稅單影本。

　　8. 會計師資本額查核報告書及其附件。

　　9. 設立登記表。

　　10. 登記費：以資本額每4,000元收費1元，未達1,000元者以1,000元計算。

㈦ 申請營業登記證明與統一編號

㈧ 申請稅籍登記：申請營業登記（營利事業登記）後，必須向國稅局
申請稅籍登記。

三、公司股份之發行

發起人之出資，除現金外，得以公司事業所需之財產、技術抵
充之，公司法第131條第3項定有明文，在實務上稱為「技術股」或
「技術入股」，一般是指以技術等無形資產作價抵充股款，且一樣
需要課稅，權利義務與普通股相同。而公司非經設立登記或發行新
股變更登記後，不得發行股票。但公開發行股票之公司，證券管理
機關另有規定者，不在此限（公司法第161條第1項）；而公開發行
股票之公司，應於設立登記或發行新股變更登記後3個月內發行股
票（公司法第161條之1第1項）。

甲、乙、丙所成立的公司有意進軍國際，未來勢必將透過資本
市場進行籌資，實有公開發行之必要，從而在公司完成設立登記之
後，原先由發起人所召開的創立會轉變為股東會，而該公司也必須
在設立登記後3個月內發行股票。公司負責人如果違反規定，不發
行股票者，除由證券主管機關令其限期發行外，各處新臺幣24萬元
以上240萬元以下罰鍰；屆期仍未發行者，得繼續令其限期發行，
並按次處罰至發行股票為止（公司法第161條之1第2項）。

應用情境 2

　　甲、乙、丙經過一段時間的籌備，順利地找到志同道合的股東，共同促成公司之設立，公司相關資料如下：

1. 公司名稱：寰宇貿易股份有限公司（以下簡稱「寰宇公司」）。

2. 公司實收資本額：新臺幣3,000萬元。

3. 公司股東分布情況：甲持有股權30%、乙持有股權20%、丙持有股權20%、丁（法人股東）持有股權20%、戊（自然人股東）持有股權10%。

4. 公司設立地點：台北市（總公司，目前尚無分公司）。

　　依據相關法令之規定，寰宇公司也組成股東會及董事會，由甲、乙、丙三人組成董事會，並由戊擔任監察人。董監事會順利組成後，也思考尋覓好的經理人才來協助公司，經過數月的徵才與遴選，終於打造了經理人團隊，設有總經理、副總經理以及財務長、人資長、會計主管、行銷主管以及研發主管等職，同時廣納人才，公司成立初期已有50名員工。對於公司的經營，甲、乙、丙三人滿腹熱忱，但對於企業的經營，卻無經驗。在內部討論中，提出了以下的問題與想法：

▶ 總經理與財務長應當如何分工？財務長與會計主管的任務又有何不同？

▶ 關於經理人的選任，實務上常有所謂的「代理問題」，是什麼意思？又如何避免？

▶ 公司能夠同時營利並兼顧公益的實踐嗎？

四、公司重要職任分工與所應擔負之責任

　　公司是以營利為目的，依照公司法組織、登記並成立的社團法人，也是由「人」與「資本」所共同組成的法律主體。公司體制經過多年的發展，透過多層次的組織架構，形成垂直的領導統御機制；透過多元化的部門編制（含括產、銷、人、發、財），形塑水平的經營發展功能。而在諸多重要職任中，公司之負責人負有重要的義務，也享有相對較多的權利。依據公司法第8條之規定可知，公司負責人在無限公司、兩合公司為執行業務或代表公司之股東，在有限公司、股份有限公司為董事，此種負責人稱為「法定負責人」或「當然負責人」。此外，公司之經理人、清算人或臨時管理人；股份有限公司之發起人、監察人、檢查人、重整人或重整監督人，在執行職務範圍內，也是公司負責人，此種負責人稱為「職務負責人」（公司法第8條第1項及第2項參看）。由於公司負責人相較於股東能有更多機會參與或知悉公司之業務，因此法律特別規定，公司負責人應忠實執行業務並盡善良管理人之注意義務，如有違反致公司受有損害者，負損害賠償責任；公司負責人對於公司業務之執行，如有違反法令致他人受有損害時，對他人應與公司負連帶賠償之責（公司法第23條第1項及第2項）。

　　由於近年來常出現不具備董事身分，但卻常常影響董事會決議以及公司運作的「影子董事」（shadow director），造成公司組織應有的效能不彰。為了規範這類董事會的「背後靈」，2011年12月14日公司法第8條增訂了第3項規定：「公開發行股票之公司之非董事，而實質上執行董事業務或實質控制公司之人事、財務或業務經營而實質指揮董事執行業務者，與本法董事同負民事、刑事及行政

罰之責任。但政府為發展經濟、促進社會安定或其他增進公共利益等情形，對政府指派之董事所為之指揮，不適用之。」這項修法是參考英國的規定，將「事實上董事」（非董事但執行董事業務）以及「影子董事」（非董事但實質控制公司之人事、財務或業務經營而實質指揮董事執行業務之人）均納入規範，以正視聽。至於影子董事要如何認定？在立法例上是以該公司針對該人士的「慣習性」（accustomed to act）作為認定基準，易言之，公司的一般董事只要習慣聽令於影子董事的指示或命令即可，並不以影子董事對公司的確能達到控制狀態為必要。

　　除此之外，公司想要運作得當，除了股東會與董事會等公司法定必備常設機關必須健全外，經理人的職責清楚以及知人善任，也是重點所在。企業的經營管理，「業務」與「財務」息息相關，也是堅固競爭力的二大主軸。業務面所涉及者，包含生產、行銷、人事以及研發等重要事項；而財務方面，則涵蓋了企業的投資管理、融資管理、營運資金管理以及財務規劃等重要工作。

　　在經理人團隊中，除了總經理必須統籌公司業務相關事務外，財務長或財務專責人員的重要性不可或缺。在所職掌之事務分類上，會計人員與財務人員有所不同，會計主要重在「管帳」，協助公司計算利潤；而財務則重在「管錢」，主要協助公司規劃未來的財務布局以及價值之評估。然應重視者，為會計所提供的資訊，是制定財務決策的重要基礎，而企業的管理者必須能夠看懂財務報表以及會計資訊。

　　在未來的講次中，我們會進一步具體瞭解財務報表的結構與內容。但簡單地說，公司的損益其實取決於企業的二大支柱，亦即業務與財務，透過常見的「損益表」便可一窺業務面與財務面的重要關聯。

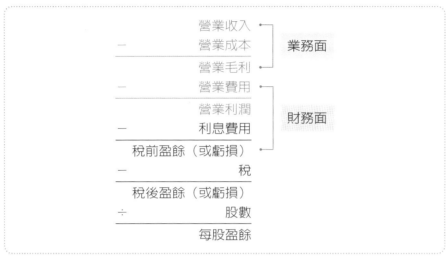

圖1-1　企業雙支柱所架構之獲利方式

　　從公司的整體發展而言，資金的挹注以及持續產生收入，是公司的重要目標之一。想要取得較好的營收，勢必要能掌握營業的利潤，而參與公司資本形成的股東，也期望獲得較佳的盈餘；倘若每股盈餘表現亮眼，股東的向心力自然強盛，也更願意陪伴公司成長與發展，而外部投資人也將產生投資興趣甚至付諸實行。

　　因此，如何在生產過程中保持優良品質，藉由良好的行銷方式使貨暢其流，將是增加銷貨收入（營業收入）的方法。在取得銷貨收入（營業收入）後，尚須扣除銷貨成本（營業成本）與相關管銷費用（營業費用），才能獲得營業利潤，而此段獲益流程便取決於業務面的良莠；又，取得營業利潤之後也必須扣除支借的利息費用以及應納稅賦，方能依股東所持有股數，計算每股盈餘，而如何有效掌握相關費用之支出，便是財務面的重要課題，也是財務長或財務專責人員發揮的舞台。

五、公司治理與企業社會責任

　　公司發展的目標究竟為何？是從公司這個概念存在之後便討論迄今的問題。許多專家學者認為，經理人的任務在於致力將股東價值最大化，這便是公司的目標。然而，追求盈餘最大化（Maximization of earnings）、追求銷貨收入最大化（Maximization of sales）或追求市場占有率最大化（Maximization of market share）就是股東價值的最大化嗎？其實並不然，因為盲目地追求這些目標，反而可能傷害股東價值。理由為何？

　　因為公司聘任經理人並委以不同職能與工作範圍，讓經理人能夠在此範圍中被授權進行有效決策。然而在多年的研究與調查證據中也顯示，經理人會在某些情況下，損害股東之利益，並追求自己（經理人）之價值。詳言之，由於公司的「所有權」與「經營權」分離，如果公司的股東是「本人」（所有權），本人就業務經營所委託的「代理人」便是經理人（經營權），經理人未善盡代理責任，便是實務上常見的「代理問題」，常見的代理問題發生原因例如利益衝突、資訊不對稱或者風險態度不一致。未能善盡經理人之受託義務而罔顧股東權益，便是利益衝突所產生的代理問題；而由於資訊不對稱的原因，導致經理人利用其優勢侵害股東權益，也是代理問題的發生原因；盲目追求公司之收益，導致選擇風險性較高的業務進行投資或執行，更是常見的代理問題。

　　為了避免代理問題的發生，近年來政府也透過法令設計相關機制，作為落實公司治理之方式，例如從公司內部設置的內部稽核制度、內部控制制度、獨立董事、審計委員會、員工認股選擇權及分紅配股等措施，以及從外部的會計師查核或企業併購等均屬之。而

擔任公司財務管理關鍵的靈魂人物—財務長或財務專責人員，也是經理人團隊中的重要成員，除了應配合公司治理相關理念，杜絕代理問題外，更應克盡己責，執行良好的投資策略（高資產報酬）、融資策略（低資金成本）以及盈餘分配策略（發放股利穩定股價或繼續投資創造價值），同時也必須協助公司規劃並執行良好的營運資金管理，以增加資產使用效率，減少短期資金成本，如此方能為公司創造真正的最大化價值。

　　在全球化的影響下，許多公司在追求股東價值最大化的目標之外，同時也希望能夠兼顧到公司的員工、消費者、供應商、社區與環境等相關利害關係人（stakeholders）的權益並負起責任，而非只對公司的股東（shareholders）負責，這便是「企業社會責任」（Corporate Social Responsibility, CSR）。近年來也在傳統企業與非營利組織的光譜二端，逐漸發展出「社會企業」型態，未來都值得關注。

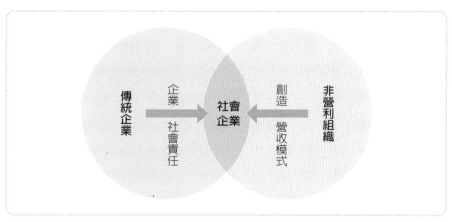

圖1-2　社會企業、傳統企業與非營利組織之光譜

　　由於政府與民間對於企業社會責任（以下簡稱為CSR）逐漸重視，公司法也在2018年增訂第1條第2項：「公司經營業務，應遵守法令及商業倫理規範，得採行增進公共利益之行為，以善盡其社會責任。」明示為公司之義務。國際間也有諸多關於CSR的獎項，例如道瓊永續指數（Dow Jones Sustainability Index, DJSI），DJSI是目前國際上最具公信力的企業永續評比，也是全球第一個永續企業投資指數；又如「亞洲企業社會責任獎」，這是亞洲最負盛名的企業社會責任獎，獎項含括負責任商業領袖獎、社區發展培力獎、人力投資獎、健康衛生推廣獎、綠色領導獎以及企業治理獎等六大類，從2015年開始舉辦。

　　除此之外，公司治理與CSR的落實也與資本市場的脈動與投資人關注度息息相關。近年來，ESG（Environment, Social & Governance）議題在國內外越發受到關切，三個字母分別代表環保、社會與公司治理。而所謂的ESG投資是指投資人在投資過程中，除了關注傳統的企業營運展望外，也會一併考量企業對於社會與環境所負擔之責任，從而，ESG投資不僅讓投資決策更有遠見，也可藉此改善社會與環境，促進永續發展。ESG效應也反映在資本市場上，將ESG標準納入選股流程的資產管理公司數目近年來快速成長，已從2013年的百餘家，增至2018年約1,800多家。我國金管會也表示，過去市場或一般投資大眾多認為公司投入氣候變遷風險管理是在做公益，甚或與公司獲利相互衝突，但近年實際數據已證明，良好能源管理政策及ESG績效表現，其實就是最佳風險管理代名詞，當然會同時回饋在公司高股價及低資金成本表現，而ESG績效不佳的公司，也會衝擊公司股價或被列為投資黑名單。

　　公司能夠同時營利並兼顧公益的實踐嗎？答案應該是肯定的，只要公司理念正確，公司負責人全力支持，財務長便應善盡財務規劃與管理職任，讓公司不僅能夠持續創造營收，並且善盡企業社會責任，讓公司成為ESG績效優良的公司，利己且利人。

認識金融市場
與金融機構

應用情境 3

　　隨著寰宇公司順利設立，以及各級主管陸續到位，大家都鬥志高昂且摩拳擦掌地準備開張營業，財務部門也不例外。財務長在許多次的會議中，也不斷地和公司各部門溝通觀念，但由於學習與實務歷練背景不同，許多同仁對於某些觀念仍舊不太明白：

▶ 金融市場究竟與公司發展有何關係？金融市場到底包含了哪些類別？

▶ 籌資未來也是公司持續運作的重要關鍵，籌集資金的方式又有哪些？

▶ 如果公司體質良好且資金充沛，不和銀行打交道是否也沒有關係？

　　這些問題，對於所有的企業而言，都是存在的，只是有些公司選擇面對它，有些公司只將這些問題交給財務相關部門或委外處理，而事不關己。但後者卻常常是後來公司發生重大財務危機的起因，不容忽視。寰宇公司的起步很穩健，總經理也有遠見，因此希望所有部門主管都能一併瞭解上開問題。

一、橫看成嶺側成峰——金融市場之認知

　　企業除了必須擁有優秀的經營管理人才外，還必須要有充裕的資金得爲運用，方能提供良好的勞務（或貨物），以促進經濟效益，造福人群。一旦企業需要資本，除了自有的資金外，還可以從哪裡獲取所需要的資金，以供其運用？答案就是金融市場。所謂金融市場，是指由資金需求者以及資金供給者所共同形成的資金融通場所。至於資金究竟如何進行融通，則是由金融機構透過各種金融工具的買賣，如存放款、股票、公司債等，將資金供給者手中的剩餘資金移轉到資金需求者的手中。

　　如果資金的移轉過程，必須藉由金融機構的中介，就稱爲「間接金融」（Indirect Financing）；如果是直接由資金供給者移轉予資金需求者，則稱作「直接金融」（Direct Financing）。一家企業如果有籌資的需求，即必須仰賴金融市場所提供的資金供給管道，如果它向銀行貸款，便是間接金融的模式，較爲便捷且成本較小；但若爲長期資金之取得，則可選擇直接金融的籌資途徑，一般常見的方式爲發行有價證券（例如發行公司債或發行新股）。

　　如果以「金融工具的到期期間長短」作爲區分標準，我們可以將金融市場再區分爲貨幣市場與資本市場。貨幣市場是指提供一年期以下金融工具的市場，包含國庫券、可轉讓定期存單、商業本票、銀行承兌匯票等「短期票券」市場、附買回與附賣回交易以及金融業拆款市場等；至於資本市場則是指提供一年以上或無限期金融工具交易的市場，主要扮演中、長期資金供需的橋梁。資金需求者可以依據不同的資金需求，發行各種不同的中、長期金融工具，供投資大眾進行投資，常見的工具包括普通股、特別股以及存託憑證等權益證券與債券等工具。

　　金融市場的生成，依各國的國情與經濟環境景況而有不同，但在市場的運作過程中，監理卻是共識。台灣金融市場的監理者為金融監督管理委員會（以下簡稱「金管會」），在組織架構上也對應市場的發展，分別設有銀行局、證券期貨局、保險局及檢查局作為執行部門，結合業務單位與輔助單位共同執行金融監理的重要任務。除此之外，另有外延的中央存款保險公司作為存款保險之保險人，也同時協助執行金融檢查工作；近年來金融科技（Fintech）成為金融市場必然的趨勢，從而金管會也設置金融科技發展與創新中心，作為研究發展與創新規劃的平台。

本會另於紐約、倫敦設立代表辦事處。

註：2012年7月1日起行政院金融監督管理委員會名稱改為金融監督管理委員會；
　　資訊管理處名稱改為資訊服務處。
　　自2013年起會計室名稱改為主計室。

圖2-1　金管會組織架構圖

資料來源：金融監督管理委員會官網，https://www.fsc.gov.tw/ch/home.jsp?id=167&parentpath=0,1。

　　對於公司的財務主管而言，瞭解金融市場的變化非常重要，因為這些資訊都會影響財務的相關決策。在金管會的金融競爭力專區中，可以清楚得悉關於金融市場的相關訊息，分別包含下列三者：

（一）國際化程度

1. 我國會計準則與國際接軌情形。
2. 外資持有股票占市值比重（上市、櫃）。
3. 外幣計價債券發行餘額。
4. 本國銀行海外分支機構（含OBU）營業收入。
5. 本國銀行海外分支機構（含OBU）稅前盈餘。
6. 強化金融市場成熟度達國際水準之措施。
7. 金融整併及外資入股金融機構情形。

（二）企業貸款容易度

1. 本國銀行對中小企業放款餘額。
2. 本國銀行放款餘額占GDP比率。

（三）銀行健全度

1. 本國銀行平均逾放比率。
2. 本國銀行平均備抵呆帳占逾期放款之覆蓋率。
3. 本國銀行平均資本適足率。
4. 本國銀行平均第一類資本占風險性資產比率。
5. 本國銀行平均資產報酬率。
6. 本國銀行平均淨值報酬率。

　　這些資訊對於有經驗的財務主管而言，可以作為極佳的決策判斷基準，也是選擇往來銀行的參考。從企業整體發展的角度，與資金的調度規劃以觀，熟悉各類金融機構（如銀行、證券商或保險公

司）的功能與服務，是「見樹」；而綜觀整體金融市場的脈動與發展，則是「見林」。能夠同時見林又見樹，才是優質的企業財務管理。

二、遠近高低各不同——金融機構之認知

我們常聽到實務上提到，所謂的金融機構包含了「銀、證、保」三類，但那是簡單的說法。實際上，廣義的銀行業包含銀行法所規範的銀行業、信託法所規範的信託業，以及票券金融管理法所規範經營短期票券之簽證、承銷、經紀或自營業務的票券商。廣義的證券業則涵蓋了證券商、期貨商以及投信投顧業，廣義的保險業則包含了產險業與壽險業，以及近年來蓬勃發展的保經、保代業。

廣義的銀行業	廣義的證券業	廣義的保險業
銀行業	證券業	產物保險業
信託業	期貨業	人壽保險業
票券業	投資信託業	保險經紀人
	投資顧問業	保險代理人

圖2-2　金融機構簡易分類

對於企業之日常運作而言，銀行所扮演的金融中介角色，不僅重要，也是企業應該透過貸款的「借款」與「還款」逐漸累積信用的對象。依據銀行法的規定，銀行分為商業銀行、專業銀行以及信託投資公司三種，一般企業往來的銀行種類多為商業銀行，但政府

為便利專業信用（例如工業信用、農業信用、輸出入信用、中小企業信用、不動產信用或地方性信用）之供給，中央主管機關得許可設立專業銀行，或指定現有銀行，擔任該項信用之供給（銀行法第87條）。

　　在財務的規劃中，融資通常是指貨幣資金的持有者和需求者之間，直接或間接地進行資金融通的活動。對於財務長或財務主管而言，若能善加瞭解金融市場行情，以較低的成本取得資金，對於公司必有所助益。再者，一般言之，銀行辦理的授信可區分為直接授信、間接授信與無追索權應收帳款承購業務三類，而直接授信是指銀行以直接撥貸資金之方式，貸放給借款人的融資業務，就企業貸款部分包含了「週轉資金貸款」及「資本支出貸款」二種。

《中華民國銀行公會會員授信準則》第12條

所稱週轉資金貸款，謂會員以協助企業在其經常營業活動中，維持商品及勞務之流程運轉所需之週轉資金為目的，而辦理之融資業務。

週轉資金貸款，短期係寄望以企業之營業收入或流動資產變現，作為其償還來源：中長期係寄望以企業之盈餘、營業收入或其他適當資金，作為其償還來源。

週轉資金貸款如有徵提授信戶交易之票據或應收帳款作為備償來源者，應注意該票據或應收帳款與授信戶經營之業務有無關聯，凡金額較鉅，或發票人、應收帳款債務人集中，或屬其關係（集團）企業所提供者，應特別注意其風險集中情形，審慎辦理。

週轉資金貸款種類如下：

(一) 一般營運週轉金貸款。

(二) 墊付國內、外應收款項、有追索權應收帳款承購業務。

(三) 貼現。

(四) 透支。

(五) 出口押匯。

(六) 進口押匯。

(七) 其他週轉金貸款。

　　從中華民國銀行公會會員授信準則第12條第2項的規定可知，週轉資金貸款，短期是寄望以企業的營業收入或流動資產變現，作為其償還來源；中長期則是寄望以企業的盈餘、營業收入或其他適當資金，作為其償還來源。因此，當企業在進行申貸時，相關的財務配套便必須同步進行規劃。此外，中華民國銀行公會會員授信準則第13條謂：「所稱資本支出貸款，謂會員以協助企業購置、更新、擴充或改良其營運所需之土地、廠房、機器等，或協助企業從事重大之投資開發計畫為目的，而辦理之融資業務（第1項）。資本支出貸款係寄望以企業經營所產生之現金流量、所獲之利潤、提列之折舊、現金增資、發行公司債或其他適當資金，作為其償還來源（第2項）。」諸如此類規定，都是進行財務規劃時，不可或缺的認知。

　　另應注意者，銀行辦理授信業務應本安全性、流動性、公益性、收益性及成長性等五項基本原則，並依借款戶、資金用途、償還來源、債權保障及授信展望等五項審核原則（即一般所稱的授信5P原則）核貸之（準則第20條第1項參看）。但會員辦理授信業務，不論採何種方式定價，或對任何授信客戶（包括公營事業或政府機關），應避免惡性削價競爭，其實際貸放利率，宜考量市場利率、本身資金成本、營運成本、預期風險損失成本及合理利潤等，訂定合理的放款定價。考量市場競爭因素，亦得將授信客戶整體貢獻度，作為放款定價減項評估之因素（準則第26條第1項參看）。

　　考量企業初創或發展規模的困難，政府也成立中小企業信用保證基金（以下稱「信保基金」）作為企業的融資協力機制。信保基金成立於1974年，目的在透過信用保證，分擔金融機構辦理中小企業貸款之信用風險，提升金融機構辦理中小企業貸款之意願，協助

　　資金用途明確，還款來源可靠，信用無嚴重瑕疵，具發展潛力，但擔保品不足，經往來金融機構審核原則同意貸放的中小企業取得金融機構融資。

　　詳言之，信保基金主要提供融資信用保證服務，本身並非提供貸款的金融機構，其成立目的係透過信用保證機制，分擔金融機構辦理中小企業貸款之信用風險，提升金融機構辦理中小企業貸款之意願，補充中小企業的信用能力，協助擔保品不足的中小企業順利取得融資。

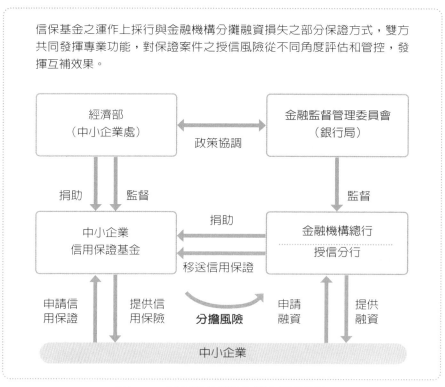

信保基金之運作上採行與金融機構分攤融資損失之部分保證方式，雙方共同發揮專業功能，對保證案件之授信風險從不同角度評估和管控，發揮互補效果。

圖2-3　信用保證運作機制關係圖

　　由於信保基金是由政府及金融機構共同捐助成立的公益財團法人，服務對象主要爲中小企業，但並不直接對企業融資，與用於投資股票債券等證券的「共同基金」亦無關聯。近年來，信保基金積極推動轉型發展方案，推出直接保證、批次保證、相對保證專案及信保薪傳學院等業務，陸續爲台灣中小企業提供更多樣化、全方位的服務。

觀念補充站

Q 信保基金之保證對象爲何？

A (一) 中小企業：符合行政院核定「中小企業認定標準」之中小企業，惟不含金融及保險業、特殊娛樂業。所稱中小企業，係指依法辦理公司登記、商業登記，並合於下列基準之企業（不含分支機構或附屬機構）：

　　1. 製造業、營造業（營建工程業）、礦業及土石採取業實收資本額在8,000萬元以下或經常僱用員工數未滿200人。

　　2. 除上述1.以外之其他行業前一年營業額在1億元以下或經常僱用員工數未滿100人。

另取有主管機關依法核發營業證照之下列申貸戶（不含財團法人），得視同依法辦理公司登記或商業登記：

1. 醫療保健服務業或建築師事務所。
2. 托嬰中心、幼兒園或兒童課後照顧服務中心。
3. 私立老人長期照護機構、私立安養機構、私立養護機構或私立身心障礙福利機構。

(二) 創業個人：中華民國國民在國內設有戶籍，且爲所創或所營中小企業之負責人或出資人，並符合青年創業及啓動金貸款要點規定之創業青年。

(三) 其他經信保基金董事會議通過並經經濟部核定之信用保證對象。

Q 非中小企業可申請移送信用保證之貸款項目有哪些？

A (一) 企業海外智慧財產權訴訟貸款。

(二) 自有品牌推廣海外市場貸款。

(三) 辦理非中小企業專案貸款。

(四) 社會創新事業專案貸款。

(五) 地方創生事業專案貸款。

應用情境 4

　　財務長針對寰宇公司的短期資金進行規劃，並多方拜訪各家銀行之際，某日下午接到董事長室的電話。董事長希望和財務長討論一些中長程的規劃。在約定的會議時間裡，董事長甲向在座的總經理與財務長表明，公司必須未雨綢繆，而資金籌募又是公司中、長程發展上不可或缺的工作。因此，心中有些疑惑，想向財務長進行請教並進一步討論：

▶ 未來如果公司想要上市或上櫃，應該進入哪些步驟？會不會很複雜？

▶ 公司一旦啟動進入資本市場的程序，就一定非走到上市不可嗎？

三、進入資本市場籌資的停、看、聽

　　資本市場的活絡與否，影響著整體金融市場的健康狀態，而能夠在資本市場中直接向投資人發行有價證券（例如發行公司債或發行新股）募得資金，則是取得長期資金的重要途徑，也促進了金融市場的活潑程度。目前台灣針對企業進入資本市場籌資（以證券市場為例），設有創櫃、興櫃、上櫃以及上市等階段之服務。前三者由證券櫃檯買賣中心主導，後者則由臺灣證券交易所主責。

　　財團法人中華民國證券櫃檯買賣中心（Taipei Exchange, TPEx），一般簡稱「櫃買中心」，是承辦台灣證券櫃檯買賣（OTC）業務的公益性財團法人組織，有「台灣的NASDAQ」之稱。目前上櫃公司約有808檔，興櫃公司約有323檔，創櫃公司約有225檔。

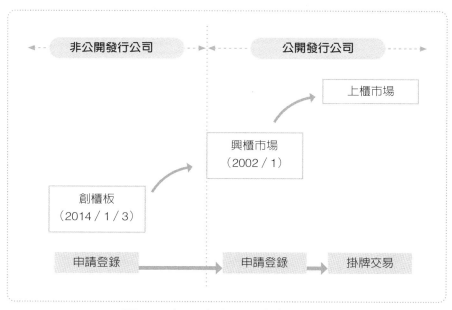

圖2-4　櫃買中心多層次市場介紹

資料來源：證券櫃檯買賣中心官網，https://www.tpex.org.tw/web /regular_emerging/creative_emerging/Creative_emerging.php?l=zh-tw。

（一）創櫃

　　截至2021年底，台灣的公司資本額介於100萬元至1,000萬元間者約有42萬家（約全體公司的57%），資本額介於1,000萬元至5,000萬元間約有13萬家（約全體公司的18%），可見台灣有為數

眾多的微型創新企業，雖然公司資本、營業規模甚小且缺乏資金，但具有創意且未來發展潛力無窮，亟須扶植其成長茁壯，同時亦可成就有較多創意成分的產業發展，進一步擴展台灣經濟發展中小企業的角色及貢獻。因此，櫃買中心在主管機關金管會的支持下籌設「創櫃板」，主要係取其「創意櫃檯」之意涵為命名，係定位成為提供具創新、創意構想之非公開發行微型企業「創業輔導籌資機制」，提供「股權籌資」功能但不具交易功能的平台。

（二）興櫃／上櫃

　　為提供發行公司於上櫃（市）前熟悉證券市場相關法規及提升公司知名度之機會，櫃買中心另外也提供上櫃（市）前股票的流動性及價格發現的機能，國內企業及未於其他交易所掛牌之外國企業在補辦公開發行後，得向櫃買中心申請登錄興櫃。如果公司選擇上櫃，相較於興櫃，上櫃股票公司的設立年限、實收資本額、獲利門檻都比上市股票低，通常以新興產業或中小型企業為主，成長空間較大，但風險也比上市股票高。於興櫃股票市場交易滿6個月後，國內企業以及未於其他交易所掛牌的外國企業，可以申請上櫃。申請上（興）櫃主要條件如下：

項目	一般上櫃股票	興櫃股票	
		一般板	戰略新板
目標產業	無限制	無限制	六大核心戰略產業或其他創新性產業（註3）
公司規模	本國企業須實收資本額新臺幣5,000萬以上。外國企業須母公司權益總額新臺幣1億元以上。	無限制	無限制
設立年限	設立登記滿二完整會計年度。（註1）	無限制	無限制
財務要求	應符合下列標準之一：（註1） 一、「獲利能力」標準： 最近一個會計年度合併財務報告之稅前淨利不低於新臺幣400萬元，且稅前淨利占股本（外國企業為母公司權益金額）之比率符合下列標準： 1. 最近1年度達到4%，或 2. 最近2年度均達3%，或平均達3%，且最近2年度較佳之1年度不差；同時符合： 二、「淨值、營業收入及營業活動現金流量」標準： 1. 最近一個會計師查核簽證或核閱財務報告顯示之淨值達新臺幣6億元以上且不低於股本2/3， 2. 最近一個會計年度來自主要營業務之營業收入達新臺幣20億元以上，且較前一個會計年度成長。	無	無限制
股權分散	股東人數不少於300人，且其所持股份合計占發行股份的總額20%以上或逾新臺幣一千萬股。（應於上櫃掛牌前完成）	無限制	無限制
集中保管	董事、持股超過10%股東，應將上櫃時持股提交交集保存所保管，於上櫃滿6個月後，得領回「集保部份」之21/2；上櫃滿1年後，即得將剩餘之集保部份全數領回。（註2）	無限制	
功能性委員會	應設置薪資報酬委員會及審計委員會。	應設置薪資報酬委員會。	
獨立董事	應設置獨立董事，獨立董事席次不得少於3席，且不得少於董事席次1/3。（註4）		應設置獨立董事，獨立董事席次不得少於2席，且不得少於董事席次1/5。但委國易公發及登錄戰略新板，可承諾於登錄後最近一次股東會完成設置獨立董事會過半成員由獨立董事擔任時新薪審計委員會。
董事會成員	不得為單一性別。（註4）	無限制	
公司治理主管	應設置符合本中心「上櫃公司董事會設置及行使職權遵循事項要點」規定之公司治理主管。	無限制	
推薦證券商	二家以上推薦證券商，需指定一家為主辦推薦證券商。	同左	
服務機構	委任專業股務代理機構辦理股務。	同左	
輔導期限	需與興櫃交易滿6個月。外國企業得以申報上櫃輔導滿6個月代替。	同左	與證券商簽訂輔導契約並送檢查最近1個月財報。新板檢查表。
無實體發行	募集發行、私募之股票及債券，皆應為全面無實體發行。		

註1：經取得科技事業文化創作事業證明，得不適用該條件。但科技事業上櫃專區。

註2：科技事業、文化創意事業，「淨值」、「營業」依「淨值」、「營業活動現金流量」標準。另有規定本中心申請證券商皆須填寫有興證券商審查準則第三條第一項第四款有關規定。

註3：戰略新板要求之六大核心戰略產業為：⑴資訊及數位相關產業。⑵結合5G、數位轉型及國家安全之資訊安全產業。⑶生物及醫療科技產業。⑷國防及戰略產業。⑸綠電及再生能源產業。⑹關鍵及民生備產業。

註4：有關措施如下：⑴於113年申報上櫃者，應選任獨立董事，獨立董事席次至少達到2席。⑵於113年股東常會完成設置。⑶於114年董事會，應於申請時即行合規定。

登錄興櫃的流程如圖2-5：

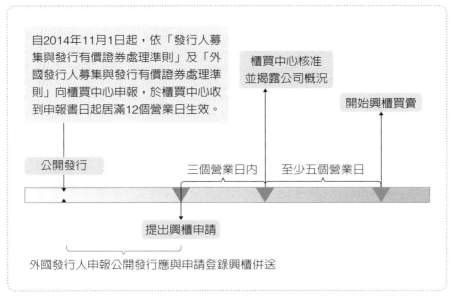

圖2-5　登錄興櫃流程圖

資料來源：證券櫃檯買賣中心官網。

申請上櫃的流程如下所示：

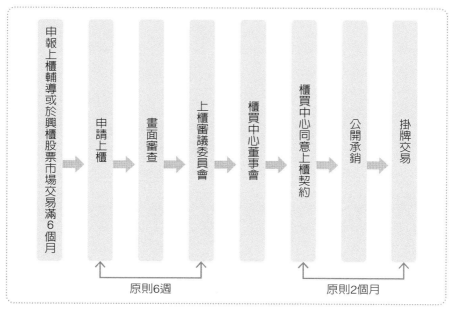

申報上櫃輔導或於興櫃股票市場交易滿6個月 → 申請上櫃 → 書面審查 → 上櫃審議委員會 → 櫃買中心董事會 → 櫃買中心同意上櫃契約 → 公開承銷 → 掛牌交易

原則6週　　　　　原則2個月

圖2-6　上櫃申請流程

　　櫃買中心具有上櫃及興櫃多層次的市場架構，可以為不同營運規模的企業提供發展舞台，並透過資本市場的協助，企業可以取得營運所需之資金、引進優秀人才、強化內部控制制度及擴展營運規模。

（三）上市

　　上市對於企業而言，是一件大事。除了將有更高的能見度，並因此獲得更多投資人的關注外，公司內部的各項決策與財務準備，都是考驗。上市的審查流程相較於先前的㈠、㈡較為繁複，但也正

因為這項過程，讓有實力的企業能夠進入這個舞台大展身手，也同時保障了投資人的權益。國內公司上市的流程如圖2-7：

圖2-7　上市申請流程

此外，一般事業申請上市的標準，依證交所相關規定如表2-1：

表2-1　國內公司申請標準

事業	標準
一般事業	▶ 申請股票上市之發行公司，合於下列各款條件者，同意其股票上市： 一、設立年限：申請上市時已依公司法設立登記屆滿3年以上。但公營事業或公營事業轉為民營者，不在此限。 二、資本額：申請上市時之實收資本額達新臺幣6億元以上且募集發行普通股股數達3,000萬股以上。 三、獲利能力：其財務報告之稅前淨利符合下列標準之一，且最近一個會計年度決算無累積虧損者。 　（一）稅前淨利占年度決算之財務報告所列示股本比率，最近二個會計年度均達百分之六以上。 　（二）稅前淨利占年度決算之財務報告所列示股本比率，最近二個會計年度平均達百分之六以上，且最近一個會計年度之獲利能力較前一會計年度為佳。 　（三）稅前淨利占年度決算之財務報告所列示股本比率，最近五個會計年度均達百分之三以上。 四、股權分散：記名股東人數在1,000人以上，公司內部人及該等內部人持股逾百分之五十之法人以外之記名股東人數不少於500人，且其所持股份合計占發行股份總額百分之二十以上或滿1,000萬股者。 五、上市產業類別係屬食品工業或最近一個會計年度餐飲收入占其全部營業收入百分之五十以上之發行公司，應符合下列各目規定： 　（一）設置實驗室，從事自主檢驗。 　（二）產品原材料、半成品或成品委外辦理檢驗者，應送交經衛生福利部、財團法人全國認證基金會或衛生福利部委託之機構認證或認可之實驗室或檢驗機構檢驗。 　（三）洽獨立專家就其食品安全監測計畫、檢驗週期、檢驗項目等出具合理性意見書。 ▶ 申請股票上市之發行公司，其市值達新臺幣50億元以上且合於下列各款條件者，同意其股票上市： 一、合於前項第1款、第2款、第4款及第5款條件。最近一個會計年度營業收入大於新臺幣50億元，且較前一會計年度為佳。 二、最近一個會計年度營業活動現金 三、最近期及最近一個會計年度財務報告之淨值不低於財務報告所列示股本三分之二。 ▶ 申請股票上市之發行公司，其市值達新臺幣六十億元以上且合於下列各款條件者，同意其股票上市：

（接下頁）

事業	標準
一般事業	一、合於第一項第1款、第2款、第4款及第5款條件。 二、最近一個會計年度營業收入大於新臺幣30億元，且較前一會計年度為佳。 三、最近期及最近一個會計年度財務報告之淨值不低於財務報告所列示股本三分之二。 ▶ 依第2項或前項申請股票上市之發行公司，其上市買賣有價證券數量，乘以初次申請股票上市首日掛牌價格之承銷價格，亦達其申請上市之市值標準者，方同意其股票上市。但股票已在櫃檯買賣中心上櫃買賣者，不適用之。
科技事業或 文化創意事業	▶ 申請股票上市之發行公司，經中央目的事業主管機關出具其係屬科技事業或文化創意事業且具市場性之明確意見書，合於下列各款條件者，同意其股票上市： 一、申請上市時之實收資本額達新臺幣3億元以上且募集發行普通股股數達2,000萬股以上。 二、經證券承銷商書面推薦者。 三、最近期及最近一個會計年度財務報告之淨值不低於財務報告所列示股本三分之二者。 四、記名股東人數在1,000人以上，且公司內部人及該等內部人持股逾百分之五十之法人以外之記名股東人數不少於500人者。
國家經濟建設之 重大事業	▶ 申請股票上市之發行公司，屬於國家經濟建設之重大事業，經目的事業主管機關認定，並出具證明文件，合於下列各款條件者，同意其股票上市： 一、由政府推動創設，並有中央政府或其指定之省（直轄市）級地方自治團體及其出資百分之五十以上設立之法人參與投資，合計持有其申請上市時已發行股份總額百分之五十以上者。 二、申請上市時之實收資本額達新臺幣10億元以上者。 三、股權分散合於一般事業股權分散規定標準者。
政府獎勵民間參 與之國家重大公 共建設事業	▶ 申請股票上市之發行公司，屬於政府獎勵民間參與之國家重大公共建設事業，取得中央政府、直轄市級地方自治團體或其出資百分之五十以上之法人核准投資興建及營運之特許權合約，並出具證明文件，合於下列各款條件者，同意其股票上市： 一、公司係為取得特許合約所新設立之公司，且其營業項目均經中央目的事業主管機關之核准。 二、申請上市時之實收資本額達新臺幣50億元以上者。 三、取得特許合約之預計工程計畫總投入成本達200億元以上者。

（接下頁）

事業	標準
政府獎勵民間參與之國家重大公共建設事業	四、申請上市時，其特許營運權尚有存續期間在20年以上者。 五、公司之董事、持股達已發行股份總額百分之五以上之股東、持股達發行股份總額千分之五以上或10萬股以上之技術出資股東或經營者需具備完成特許合約所需之技術能力、財力及其他必要能力，並取得核准其特許權合約之機構出具之證明。 六、股權分散合於一般事業股權分散規定標準者。

資料來源：臺灣證券交易所官網。

　　無論上櫃或上市，企業主都有權利選擇，換言之，可以依據企業發展階段的需求，選擇進入或停留在某一階段，讓自己的戰力齊備後，再力圖表現。

四、財務管理是技術，也是藝術

　　企業的經營是一場耐力賽，要能夠跑到巔峰，必須要有足夠的體力與支柱。在第一章中我們所分享的「業務」與「財務」便如同鳥之雙翼、人之雙足，若都能夠強健有力，則縱使路途崎嶇，也可穩步前行。業務面所涉及者，包含生產、行銷、人事以及研發等重要事項；而財務方面，則涵蓋了企業的投資管理、融資管理、營運資金管理以及財務規劃等重要工作。對於財務管理者而言，善用投資、融資以及各項長短期資金，便能讓企業發展得從容而不匆促，是一種技術，也是一門藝術。

財務報表與公司理財

應用情境 5

　　轉眼間，寰宇公司已經邁入第三年，各部門都步入軌道，股東人數也從過去的5人增至150人，市場投資人對於該公司顯然頗有信心。在第三年第一次由董事長召開的董事會中，監察人戊說道：「過去二年，股東們在股東會上都表示，希望本公司在第三年時，能夠在每一季都看見公司有所成長，我個人對公司很有信心，但公司是否也能夠在下一次股東會時，清楚地向股東們進行說明？」董事長及所有董事們都點頭贊成，並請財務長進行準備。

▶ 股東會召開在即，財務長究竟應該準備哪些資料才能清楚說明呢？

▶ 這些資料就一定能夠反映出公司體質的良莠嗎？有沒有修訂或調整的彈性空間？

一、基本財務報表

　　所謂「凡走過必留下痕跡」，一家企業或公司不論是它一路走過來的歷史性財務資訊或是其預估未來營運方向的展望性財務資訊，這些財務資訊就是一般大眾常聽到的財務報表。「評價專業人員或是一般投資人在評估一家企業或公司是否值得投資時，皆應先取得足夠且適切之財務資訊並評估其對價值結論之可能影響」。因此，基本財務報表對企業或公司價值的重要性不言而喻。

　　「內行的看門道，外行的看熱鬧」，同樣一件事物，內行的人探索其內涵，外行的人則看其表面。財務報表不能只要求數據正確與否，還要進一步瞭解數據變化及其關聯性。因為財務報表就像是一家企業或公司團隊成員的成績單，為了瞭解一家企業或公司過去的資產及負債等情形，財務人員都必須先從其最基本的財務報表開始著手。此外，財務報表也可用來表達企業或公司經營活動所累積的資訊，就像是一家公司的健康檢查報告書，這份健康檢查報告含有動態的（損益表、現金流量表、股東權益變動表）與靜態的（資產負債表）面向，動態的報表所報導的是公司在某一段期間的經營結果；而靜態資產負債表所表達的是公司在某一時間點的財務狀況。接下來，我們將對基本的財務報表逐一地為讀者做介紹：

（一）資產負債表

　　又稱為財務狀況表，該報表表示企業在某一特定日期（通常為各會計期末）的財務狀況（即資產、負債和業主權益的狀況）的主要會計報表。簡單來說，資產負債表（如表3-1）建立在資產＝負債＋業主權益的恆等式關係上，這個恆等式要求企業同時掌握資金

的用途與來源。功用除了企業內部除錯、經營方向、防止弊端外，也可讓所有閱讀者於最短時間瞭解企業經營狀況。

所以看懂資產負債表可以說是瞭解一家公司的出發點，藉由分析、比較此報表，得以作為制定各項重大財務決策的依據。

（二）綜合損益表

是用以反映公司在一定期間內（通常為一年或一個會計年度）利潤實現（或發生虧損）的財務報表，它是一張動態的財務報表。損益表（如表3-2）可以為報表的閱讀者提供作出合理的經濟決策所需要的有關資料，可藉以分析利潤增減變化的原因、公司的經營成本，並作出投資價值評價等。

通常各類媒體或是一般大眾都會認為投資人所投資公司的營業收入或是每股盈餘（EPS）越高越好，但即使營業收入或是EPS屢創新高並不代表就一定會有高額的現金入帳，還必須藉由營業成本、營業費用的控管及現金流量表的輔助才能窺探其究竟。

表3-1　新新小舖資產負債表

項目	金額	%
資產		
流動資產		
現金及約當現金		
庫存現金	231,590	21.17%
零用金／週轉金	6,823	0.62%
銀行存款	575,208	25.59%
應收票據淨額	30,000	2.74%
應收帳款淨額		
應收帳款	60,363	5.52%
應收帳款－刷卡銀行	16,100	1.47%
存款		
商品存貨	96,631	8.83%
預付貨項		
預付貨款	13,000	1.19%
進項稅額	638	0.06%
流動資產合計：	1,030,353	94.19%
非流動資產		
不動產、廠房及設備		
機器設備－成本	35,000	3.20%
辦公設備－成本	28,500	2.61%
非流動資產合計：	63,500	5.81%
資產總額	1,093,853	100.00%

項目	金額	%
負債		
流動負債		
應付票據		
應付帳款	21,200	1.94%
其他應付款	174,673	15.97%
應付營業稅	11,350	1.04%
銷項稅額	8,250	0.75%
預收款項		
預收貨款	6,000	0.55%
流動負債合計：	221,473	20.25%
負債總額：	221,473	20.25%
權益		
資本（或股本）		
資本（或股本）合計：	600,000	54.85%
資本（或股本）	600,000	54.85%
保留盈餘（或待彌補虧欠）		
未分配盈餘：		
累積盈虧	122,880	11.23%
本期損益	66,496	6.08%
前期損益	83,004	7.59%
保留盈餘（或累積虧損）合計：	272,380	24.90%
權益總額：	872,380	79.75%
資產總額	1,093,853	100.00%

資料來源：鼎新商務運用雲。

表3-2 大立光合併損益表

大立光電股份有限公司及其子公司
合併綜合損益表
民國一〇五年及一〇四年一月一日至十二月三十一日

單位：新台幣千元

		105年度		104年度	
		金額	%	金額	%
4000	營業收入淨額(附註六(十四)及七)	$ 48,351,791	100	55,868,893	100
5000	營業成本(附註六(四)及(十)及七)	15,903,015	33	23,812,108	43
		32,448,776	67	32,056,785	57
5910	未實現銷貨利益	(27,526)	-	-	-
5900	營業毛利	32,421,250	67	32,056,785	57
6000	營業費用(附註六(十)及七)：				
6100	推銷費用	660,710	1	503,862	1
6200	管理費用	1,050,568	2	1,312,911	2
6300	研發費用	2,796,015	6	2,585,380	5
		4,507,293	9	4,402,153	8
6900	營業利益	27,913,957	58	27,654,632	49
7000	營業外收入及支出：				
7010	其他收入(附註六(十六)及七)	392,225	-	354,535	1
7020	其他利益及損失(附註六(十六)及七)	(69,432)	-	1,156,650	2
7050	財務成本(附註六(十六))	-	-	(3)	-
7060	採用權益法認列之關聯企業損益之份額(附註六(五))	14,449	-	(5,852)	-
		337,242	-	1,505,330	3
7900	稅前淨利	28,251,199	58	29,159,962	52
7950	減：所得稅費用(附註六(十一))	5,518,174	11	5,003,434	9
8200	本期淨利	22,733,025	47	24,156,528	43
	其他綜合損益：				
8310	不重分類至損益項目(附註六(十))：				
8311	確定福利計畫之再衡量數	(9,768)	-	(7,367)	-
8349	與不重分類之項目相關之所得稅	-	-	-	-
		(9,768)	-	(7,367)	-
8360	後續可能重分類至損益項目：				
8361	國外營運機構財務報告換算之兌換差額	(741,527)	(2)	(70,565)	-
8362	備供出售金融資產之未實現評價損益(附註六(十七))	(7,521)	-	(49,376)	-
8370	採用權益法認列之關聯企業其他綜合損益之份額一其他	(90)	-	60	-
8399	與可能重分類之項目相關之所得稅	-	-	-	-
		(749,138)	(2)	(119,881)	-
	本期其他綜合損益(稅後淨額)	(758,906)	(2)	(127,248)	-
8500	本期綜合損益總額(歸屬於母公司業主)	$ 21,974,119	45	24,029,280	43
	每股盈餘(元)(附註六(十三))				
9750	基本每股盈餘(單位：新台幣元)	$	169.47		180.08
9850	稀釋每股盈餘(單位：新台幣元)	$	167.82		176.92

(請詳閱後附合併財務報告附註)

董事長：林恩舟 　　經理人：林恩平 　　會計主管：曹杏如

~6~

資料來源：公開資訊觀測站。

（三）現金流量表

　　主要是以現金及約當現金爲基礎，所表達的是在某一固定期間內（通常是每季或每年），一家企業或機構的現金（包含銀行存款）增減變動的情況。財務管理的目標正是如何運用手上有限的資金使公司的價值極大化，因此現金流量表（如表3-3），反映出資產負債表中各個項目對現金流量的影響，並根據其用途劃分爲營業、投資及融資三個活動分類。現金流量是公司財務管理最爲重視的環節，它可彌補損益表在衡量企業績效所面臨的盲點，可用來分析一家企業在短期內是否有足夠現金去應付開銷，所以現金流量表是評估企業能否繼續經營的重要工具。

表3-3　某財團法人基金會現金流量表

營業活動之現金流量	
本期淨損	（200,000）
折舊費用	100,000
減應收票據增加數	（350,000）
減存貨稱加數	（250,000）
加應付報款增加數	500,000
營業活動之境現金增加（減少數）	200,000
投資活動之現金流量	
購買機器設備	（1,000,000）
購買土地與建築物	（3,100,000）
投資活動之淨現金增加（減少數）	（4,100,000）
融資活動之現金流量	
發行股份	10,000,000
融資活動之淨現金增加（減少數）	10,000,000
本期現金增減數	5,700,000
期初現金數	0
期末現金數	5,700,000

資料來源：Slidesplayer。

（四）股東權益變動表

是指反映構成股東權益（或稱為所有者權益）各組成部分當期增減變動情況的報表。股東權益變動表（如表3-4）應當全面反映一定時期所有者權益變動的情況，不僅包括所有者權益總量的增減變動，還包括所有者權益增減變動的重要結構性信息，特別是要反映直接計入所有者權益的利得和損失，讓報表使用者準確理解所有者權益增減變動的根源。

依據所取得的財務報表及相關資訊進行分析之後，也不斷的累積各個產業獨有的行業特性與知識，經過經驗與判斷，某些財務或會計人員自然而然就會發展出一套獨門武器──企業同業比較分析與趨勢分析。此外，財務或會計人員可以從企業財務報表的附註、揭露事項、關係人交易、重大的期末調整、鉅額的資產沖銷項目、應收帳款不斷增加卻遲遲未能收到現金、應收帳款增加的幅度比銷貨收入增加的幅度大、存貨增加的幅度比銷貨收入增加的幅度大、業主的薪酬與津貼與一般同產業水準差異過大、未予以解釋或說明的會計變動、會計師出具保留意見或不尋常的會計師異動，甚至是管理階層的會議紀錄等資料，找出可疑或異常事項。

表3-4 清明上河圖科技股份有限公司股東權益變動表

民國100年反99年01月01日至98年12月31日

單位：新臺幣元

| 項目 | 普通股股本 | 資本公積 | 保留盈餘 | | | 庫藏股票 | 股東權益總計 |
			法定盈餘公積	特別盈餘公積	提撥保留盈餘		
期初餘額	$2,227,952,710	$1,418,797,814	$35,284,091	$169,253	$(313,476,852)	$141,505,527	$3,510,242,543
前期損益調整	—	—	—	—	—	—	—
民國九十九年一月一日調整後餘額	2,227,952,710	1,418,797,814	35,284,091	169,253	(313,476,852)	141,505,527	3,510,242,543
本期損益	—	—	—	—	354,220,804	—	354,220,804
盈餘提撥及分配	—	—	—	—	—	—	—
本期變動合計	—	—	—	—	354,220,804	—	354,220,804

資料來源：文中資訊。

二、財務報表常規化調整[1]

　　也許你已經順利的學會如何看懂基本的財務報表及其相關資料，甚至於已經學會編列基本的財務報表了，但是，我們必須提醒讀者的是，即使這些財務報表已經相當齊全完備且經過會計師簽證過了，並不表示我們就可以毫無保留的直接採用，因為現行一般公認會計原則[2]允許會計人員處理各種會計交易紀錄時有一定的彈性空間，所以不同企業之間的財務報表或多或少可能會有些許的差異，因此，如果我們想要成為一位盡職的財務或會計人員，甚至想要幫助老闆運籌帷幄、奪得先機，就必須要先知己後才能知彼，意即要先熟知自家公司的財務報表，然後再將自家的財務報表與其他同產業的財務報表作比較；經過一番比較之後再進一步將自家公司的財務報表中不合乎常規或不適當之處進行適當的常規化調整，才能更精確地反映並掌握公司真實的經營狀況。

　　根據美國全國認證企業價值分析師協會[3]（National Association of Certified Valuators and Analysts, NACVA）的觀點，財務報表進行常規化調整的主要目的是透過調整企業財務報表或企業所得稅申報

1　依據評價準則公報第三號「評價報告準則」第5條的定義，「常規化調整」係指：為評價目的而針對非營運之資產及負債、非重複性、非經濟性或其他特殊項目所作之財務報表調整，以消除異常情況並提高財務報表之比較性。

2　一般公認會計原則（Generally Accepted Accounting Principles, GAAP）指就因應會計事項所制定的全球性原則，會計個體之資產、負債、資本、費用、收入等任何一環都必須遵守。就一般而論，全世界所有會計事務上的認定、分析、記錄、分類，財務報表製作均需依照這些原則。因此，我們可以說一般公認會計原則是一種跨國語言。

3　美國全國認證企業價值分析師協會，1991年在美國鹽湖城成立，專門從事企業價值評估，通過培訓和認證相關領域的財務專家支援使用者使用企業價值評估服務、無形資產評估和金融訴訟等服務。

書，以致該報表更能準確地反映出該企業真實的財務狀況以及營運的情形與成果。

　　我們進行常規化調整時，仍然應該遵循一般公認會計原則，舉例來說，當我們調降損益表中的營業費用（例如，如果我們認為業主的薪酬包括福利與企業負擔業主個人費用金額高於同業水準，應該予以剔除或調降），同時，我們也應該調整應付所得稅、稅後淨利及保留盈餘等與營業費用有關的項目。

　　接下來，我們就來介紹常見的財務報表常規化調整項目：

（一）應收帳款項目是否存疑

　　例如應收帳款向債務人函證與回函不符或回函遲延、一年或一年以上（長期）的應收帳款、發現不明原因或未加以說明或解釋的帳務差異、關係人交易[4]金額過於鉅大等。

（二）存貨評價方法是否合致

　　企業採用先進先出（Firstin, First out, FIFO）與後進先出（Last in, First out, LIFO）[5]不同的存貨評價方法通常會對企業的成本造成相當大的影響。例如，在物價大幅度漲期間，採用先進先出法存貨評價的企業，比較符合在正常的生產成本：但是，相對於採用後進先出法存貨評價的企業，因為存貨漲價使得當期的生產成本提高，也造成所得稅變低。為了方便與其他同產業公司作比較，我們就必須做出存貨評價方法的調整。

4　依據國際會計準則第24號（IAS24）解釋，關係人係指與編製財務報表之個體（財務報表所報導的企業或公司）有關係之個人或個體。而關係人交易則是指關係人之間資源、勞務或義務之移轉。對於「關係人定義」及「關係人揭露」想進一步瞭解的讀者，可以自行參閱下列網站，http://163.29.17.154/ifrs/index.cfm?act=ifrs2019approved。

5　先進先出：當發生銷貨結轉銷貨成本時，採用的存貨成本順序，以先進先出為原則，亦即越早買入存貨的越先結轉。後進先出：以較晚買入的（最近期買入）的存貨成本先結轉。

（三）提列折舊方法是否合致

通常企業提列折舊的方法不同，對企業資產價值的呈現當然也會有很大的差異。

（四）租賃資產認列是否判明

企業如果以租賃的方式取得一些資產，如廠房、機器設備、辦公設備、業主或高階主管公務車等，財務人員必須要深入瞭解租賃合約內容以便判斷資產是屬於營業租賃或資本租賃。

（五）項目認列期間是否錯置

財務人員必須瞭解企業收益費用認列原則，才能合理的推估並調整有關資產、負債、收益及費用。例如，商品銷售或服務（勞務）的提供，除了在損益表上認列收益之外，同時也使得資產增加或負債的減少。然而，有心人士往往會利用收益費用認列期間之錯置，而誤導投資人對於該公司真實財務狀況之瞭解。

（六）業主薪酬範圍是否合理

財務人員可以依企業的類型，參考政府核定的員工薪資水準。通常企業規模越小，業主的薪酬與津貼與一般同產業水準差異越大，常會隨著企業當年度的獲利情況或業主個人的喜好做調整。為了合理準確的評估企業的價值，我們必須參考政府核定的員工薪資水準或是同產業平均薪酬水準來進行調整。

（七）或有事項及負債是否揭露

財務人員必須瞭解企業是否有一些未揭露的或有事項、或有負債。例如，已進行中的或尚未結案的訴訟案件、沒有記載但存在的產品保固或維修服務義務、沒有記載但存在的員工退休金或員工福

利計畫。這些事項通常對企業的價值都會有一定的負面影響，我們必須予以分析並做合理的調整。

（八）閒置資產項目是否揭露

財務人員必須瞭解企業是否仍有一些閒置、尚未投入營運的資產未予以揭露。例如，早已閒置的資產未加以處理或是閒置的資產未提列折舊等情形，閒置的資產應該轉列為長期投資或其他資產，或是否有部分資產因為訂單減少或停工而少提列折舊，如果發現已經確認無使用價值的閒置資產，是否考量應該按淨變現價值或帳面價值較低者轉列為其他適當的科目。

（九）預付款項攤提是否確實

財務人員必須瞭解企業預付款項的攤提程序並確認尚未攤提的金額、檢視該款項是否已經全數打消。

（十）特殊重大事項是否揭露

財務人員必須確認企業是否仍有重大事項未在財務報表上做適當揭露。例如，非常態事項（常見者如財務報表編制的會計估計原則或基礎是否與前期一致、是否仍有欠繳稅款或賠償案件）及偶發事項〔常見者如財務報表日後（即期後）是否仍有重大或有事項或承諾、企業資本額、營運資金或長期負債是否有變動、查明股東會或董事會會議紀錄是否仍有股東會或董事會尚未執行完成事項、是否有發行新股或債券解散清算等情事〕。

```
┌─────────────  應用情境 6  ─────────────┐
```

　　寰宇公司第一季的基本財務報表編製完成了，但是在財務報表查核的過程中，會計師發現下列問題：

1. 與同產業公司相比較，寰宇公司的關係人交易金額過於鉅大（同產業公司約新臺幣400萬元；寰宇公司約新臺幣2,000萬元）。

2. 存貨增加的幅度比銷貨收入增加的幅度大（存貨增加的幅度為＋120%；銷貨收入增加的幅度＋50%）。

3. 董事長的薪酬與津貼與一般同產業水準差距太大（同業公司董事長每年薪酬與津貼約新臺幣300萬元；寰宇公司約新臺幣500萬元）。

　　這些問題的存在，是否代表寰宇公司就必然是一間壞公司？在財務報表的製作與查核過程，是否能夠藉機發現自家公司的缺失，並儘快改進？如果可以，應該怎麼做呢？

　　為了讓資產負債表及損益表更能反映一家公司或企業的真實情況，以便提供更可靠的資料作為財務決策的參考依據，我們需要重編經過常規化調整項目之後的財務報表。接下來，我們以表3-5說明資產負債表常規化調整項目常見的必要調整內容及做法，供讀者參考：

表3-5　資產負債表常規化調整項目

資產負債表項目	常規化調整內容及做法
應收帳款	調整至實際可收回的金額、檢查可疑項目的合約內容、考量是否要刪除該可疑項目
存貨	調整至重置成本
固定資產	調整至市場實際價值或重置成本、檢視折舊提列方法
租賃資產	調整至重置成本、檢視租賃合約內容
閒置資產	考量按淨變現價值或帳面價值較低者轉列為其他適當的科目
無形資產	調整至評價專家估計價值
其他有價證券	調整至市場實際價值
預付款項	檢視預付款項攤提程序、是否已經打消
負債	調整至實際價值
或有負債	檢查是否有一些未記錄的負債、未揭露的或有負債、欠繳稅款或賠償案件

　　同樣地，我們也以表3-6說明損益表常規化調整項目常見的必要調整內容及做法，供讀者參考：

表3-6　損益表常規化調整項目

損益表項目	常規化調整內容及做法
銷貨（勞務）收入	考量是否要刪除非營運相關的收入項目（如利息、其他營業外的收入）
銷貨成本	應該同時檢視存貨及呆帳認列作業
業主的薪酬	檢視業主或其他高層主管是否支領不合理的高薪、調整至同業市場水平
人頭薪酬	檢視是否有支付沒有參與經營或應刪除的人頭薪資（業主的妻子、小孩或親人）
交際費用	確認是否有與營運無關的業主個人消費並應該刪除

（接下頁）

損益表項目	常規化調整內容及做法
租金費用	如有向關係人承租廠房或將廠房租給關係人，應調整至市場合理的租金水平
出差費用	確認是否有與營運無關的業主個人消費並應該刪除
折舊費用	調整正確提列折舊方法
福利津貼	調整至合理的範圍
其他項目	中小企業業主經常公私不分，檢查是否有業主或其他高層主管私人汽車的維修費用並應該刪除

三、財務報表也會作假——為什麼？

　　一般來說，企業或公司的老闆或董事會都會委託專業的管理者或代理人（董事會）來經營公司，而管理或代理人同時考量自己與股東的利益，在利益衝突的情況下，往往可能會忽略或犧牲了股東的利益。例如：管理者或代理人選擇放棄有利於股東的投資決策而選擇有利於自己的投資決策、出現侵占或虧空公款、濫用公司特權或資源、干預公司人事行政等等問題。

　　有些企業或公司為了避免上述的問題，會考量訂定獎酬或紅利制度來鼓勵管理者或代理人認真工作，例如：公司每年會依照營業金額、營業額成長比率或是每股盈餘，來發放獎金或紅利給管理者。但是，有些管理者也因而會為了追求公司短期營運帳面上的數據，即追求公司股價極大化，而忽略了公司長期的經營目標或利益。

　　接下來，我們以台灣博達科技公司的真實案例來說明財務報表為什麼會作假的問題。博達科技公司是台灣第一家宣布開發出砷化

錄[6]微波元件外延片的製造商，1999年12月以每股新臺幣85.5元在臺灣證券交易所公開上市發行，並獲頒國家磐石獎。2000年4月，博達的股價飆漲至新臺幣368元，公司市值隨之增長至新臺幣250億元，登上股王寶座，董事長葉素菲也因新臺幣41億元的身價登上《商業周刊》第673期的「百大科技富豪」第40名。2002年，博達宣稱成功開發出雷射二極體磊晶片[7]，獲得日本數位多功能影音光碟[8]讀取頭大廠訂單。

　　博達有著輝煌的經歷，台灣的電子產業在世界逐漸發光發熱時，博達科技絕對是一家「看似正派經營的公司」，因為博達擁有獨步全球科技的砷化鎵生產技術，還是榮獲國家磐石獎的國家級優良企業，訂單接到手軟，有些訂單已經排到第三年都還做不出來，而且公司出貨一直都持續不斷，各大法人及企業也持續加碼入股，怎麼可能會是作假帳的公司呢？

　　博達科技自2001年起「應收帳款與票據」與「長期投資」兩個項目大幅度增加，「營業收入」也隨之提升，從公司的財務報表看起來似乎合情合理；但是，2001年全球經濟景氣陷入低迷，同產業之間的營運表現普遍不佳，為什麼博達卻能一枝獨秀，案情似乎不太單純；再者，如果博達手握鉅額的「現金」，為什麼不發放現金股利呢？

6　砷化鎵磊晶片這種東西除了是用在國防器材上的利器外，其生產難度連美國國防部都做不好，「以博達所宣稱的產能，台灣將會變成世界一等一的軍事零件重鎮」。然而，博達雖然能生產砷化鎵磊晶片，但生產成本過高，其實並沒有市場競爭力。但平均生產成本根本不屬會計帳目的管轄，而且製程是商業機密；所以有人說世界上最有競爭力的產能與成本，當年外界根本沒人能提出反證否認。

7　二極體磊晶片（Diode），是一種具有不對稱電導的雙電極電子元件。理想的二極體在順向導通時兩個電極（陽極和陰極）間擁有零電阻，而逆向時則有無窮大電阻，即電流只允許由單一方向流過二極體

8　數位多功能影音光碟（Digital Versatile Disc, DVD）是一種光碟儲存媒體，通常用來播放標準畫質（標準解晰度）的電影，高音質的音樂與大容量儲存資料用途。

　　另一方面，如果博達根本沒有生產、出貨的話，那麼財務報表上的營業收入究竟是從何而來呢？事實上，該公司採取了最原始的作假帳方式。因為在會計帳上，並不會記載購買什麼原料，出了什麼貨給什麼對象。會計帳上只會記載花了多少錢在什麼地方，從哪裡賺了多少錢，最後結算下來究竟是賺多少錢或是賠多少錢而已。

　　讀者可以參閱下方之基本財務報表（表3-7、3-8）：

表3-7　博達科技2000～2003年資產負債表

（單位：百萬元）	2000	2001	2002	2003
現金	$2,148	$1,683	$4,177	$5,352
短期投資	50	1,512	520	353
應收帳款與票據	1,960	3,570	3,504	1,557
存貨	769	1,094	894	456
其他流動資產	401	215	204	290
流動資產	5,328	8,074	9,299	8,008
長期投資	1,654	4,070	4,588	4,041
固定資產	5,589	6,055	5,286	4,907
其他資產	214	351	272	143
資產合計	$12,785	$18,550	$19,445	$17,099
流動負債	$3,494	$3,337	$2,714	$6,001
長期負債	1,789	5,497	6,778	3,473
其他負債	23	19	63	61
股東權益	7,479	9,697	9,890	7,564
負債及股東權益合計	$12,785	$18,550	$19.445	$17,099

資料來源：公開資訊觀測站。

　　一般來說，偽造、虛增銷貨收入，將使得應收帳款相對提高。因此，只要將某一段期間的銷貨收入變動的百分比，對照應收帳款變動的百分比，兩者前後期間比較之後，如果差異極大就是一種警訊。另一方面，高估存貨、高估預付款項或是低估應付帳款等，藉以拉高財務報表上的營業收入。

　　再者，對照現金流量表中之營業活動現金流量與淨利之間的關係，長期來看，如果某公司兩者的成長率很接近，就表示該公司的體質健全。雖然偽造或虛增的銷貨收入可以提高盈餘，但是不會產生任何額外的現金流入。

表3-8　博達科技2000～2003年損益表

（單位：百萬元）	2000	2001	2002	2003
營業收入	$7,033	$8,172	$6,479	$4,258
營業毛利	1,377	1,661	1,119	650
營業利益	962	1,232	642	（2,447）
業外收入	94	219	133	153
業外支出	（302）	（542）	（694）	（1,372）
稅前淨利	753	909	81	（3,666）
本期損益	$747	$393	$155	（$3,673）
每股盈餘	$4.82	$3.68	$0.45	（$10.43）

資料來源：公開資訊觀測站。

　　2004年6月，博達因為無力償還新臺幣29.8億元到期的可轉換公司債，決定向士林地方法院聲請重整。但是，2004年第一季經會計師核閱的財務報表中，會計帳上的現金及約當現金尚有新臺幣63億元左右，也就是說，償還新臺幣29.8億元的可轉換公司債綽綽有

餘，後經檢調單位調查發現，博達過去成立了一些海外公司，而且
表面上看起來似乎與博達毫無關係，然後從2000年開始出貨至這些
海外公司，「左手賣給右手」（自家人賣貨給自家人）偽造、虛增
銷貨收入及應收帳款。

2004年7月金融監督管理委員會[9]決議，博達2002年及2003年簽
證會計師因未蒐集足夠適切的查核證據，便出具「修正式無保留意
見[10]」，未盡注意查核責任，停止簽證會計師辦理簽證業務兩年，
而博達最後也在2004年9月8日下市。

綜上所述，不肖企業為了製造獲利或成長的假象，通常會藉由
提早認列或不正當認列營業收入、將一次性的所得列為營業收入或
虛增營業收入來拉高營業收入。例如，提供客戶大幅的銷貨折扣，
讓客戶提前下訂單，此舉將導致未來營業收入降低。或是產品未送
達客戶確認或驗收就已經先開立發票，甚至是使用假送貨單或開立
假發票等。反之，當企業發現問題若能及時與簽證會計師商議，並
遵照主管機關規定按部就班公告、上傳營業收入等財務報表相關資
料，便能輕輕鬆鬆地完成財務報表製作與查核工作。

9　在金管會成立前，中華民國金融業的管理、監督、檢查、處分權力分別屬於財政部、中央銀
　　行、中央存款保險公司等政府機構，因此成立整合金融監督與檢查等權力機構的聲音與呼籲
　　不曾間斷。
10　無保留意見代表財務報表數據真實，沒有任何問題；而修正式無保留意見同樣也代表財務報
　　表可信，但是有時前期財報數字是其他會計師查核的，或會計師對於公司「繼續經營」有所
　　疑慮，例如：公司還有很多的資金，但多半是由借貸而來的，雖然數字上沒有問題，對於未
　　來卻可能有所影響，這時候便會在查核報告中強調該事項。

四

財務報表分析

應用情境 7

　　由於寰宇公司的本業表現亮眼，加上第三年第一季財務報表發布，有諸多財經媒體洽邀約訪。訪問當天來了三位記者，由總經理及財務長接待。

▶ 記者A問道：「貴公司的營業收入淨額及營業毛利都不算差（寰宇公司第一季營業收入淨額、營業毛利分別為新臺幣3,600萬元、45%），為什麼損益表卻是虧損呢（第一季營業虧損新臺幣300萬元）？」

▶ 記者B接著也說：「與同產業公司比較，為什麼貴公司存貨週轉天數偏高呢（同產業公司約為30天；寰宇公司約為55天）？另外，貴公司應收帳款週轉天數相較於同業好像也是偏高（同產業公司約為45天；寰宇公司約為75天）？」

　　總經理聽到這些問題，稍微一愣，但身旁的財務長趕緊解圍。

一、揭開財報務表的神祕面紗——談財務報表分析

　　想要正確的分析企業財務報表，就必須先對可能會影響到該企業的經營績效、政府法規、股東經營政策、財務狀況、獲利能力、產業競爭狀況及經營團隊管理能力等因素，有充分及全面的瞭解，因為這些攸關因素對於企業重大的財務決策，都會有極重大的影響。一般來說，財務報表分析對一家企業而言，大致具有下列功能：

㈠瞭解企業財務能力及其優缺點。

㈡辨識需要調整的項目、提供決策參考依據。

㈢預測未來。

二、同基分析與趨勢分析

　　想要瞭解一家公司或企業的價值，都必須掌握其獲利能力、公司內部存在或隱含的風險及未來的成長性。因此，財務人員需要採取具有邏輯性、合理性的架構與方向來進行財務報表分析。

（一）同基分析

　　也可以稱為共同比分析或垂直分析，係將財務報表中各個項目與該報表中金額最大的項目比較，並轉化為相對的百分比，用以分析各個項目在同一時點或期間之相對關係。

　　以資產負債表來說，係以金額最大的總資產為100%，並計算其他項目相對於總資產的比率。例如：以總負債除以總資產，即可以顯示總負債占總資產的比率；如果以損益表來說，係以總銷貨收

入爲100%，並計算其他項目相對於總銷貨收入的比率。例如：以銷貨毛利除以總銷貨收入，即可以顯示銷貨毛利占總銷貨收入的比率，也就是一般社會大眾耳熟能詳的毛利率。

（二）趨勢分析

也可以稱爲時間序列分析或水平分析，係將不同時點或期間之財務報表中各個項目，與該項目的某一前期或後期的金額做比較，並轉化爲相對的百分比，以分析各該項目在不同時點或期間之相對關係，用以瞭解不同時點或期間之變動狀況。

例如：若以2015年的總銷貨收入金額爲基礎，將2016年至2018年各個年度的總銷貨收入金額，分別除以2015年的總銷貨收入金額，即可以瞭解總銷貨收入在2016年至2018年3年之內的變動狀況。換言之，就是把2015年的總銷貨收入金額當作是一項標準，來評估2016年至2018年這3年來的總銷貨收入是超越還是落後2015年的總銷貨收入。

三、財務比率分析

財務比率並非絕對的，它是一種相對的概念，數字本身並沒有太大的意義，必須同時考量企業所處的經營環境與競爭狀況，並與該企業其他年度或期間或是與其他企業相同的比率做比較，才能顯示出其眞正的意義。因此，財務比率分析「沒有最好只有更好」。

我們在分析一家企業的經營績效時，除了財務比率之外，常常也需要加入其他行業特有的比率或數字。例如，餐飲業者要確認「顧客的翻桌率」、飯店業者要確認「旅客的訂房率或住房率」、

電子商務業者要確認「入口網站的訪客點擊率」等，這些數據都要隨著行業特性的不同而做調整的。然應注意者，金管會針對公開發行公司均依循獲利能力、經營能力、償債能力、財務結構、槓桿度及現金流量等面向要求其公開並上傳各類之財務比率。因此，接下來我們將逐一對前述之各項財務比率進行介紹：

（一）獲利能力

　　所要表達的是企業使用資產所產生的最終效果，而最終效果通常是以獲利或收益的方式呈現出來的。財務人員可以透過這些比率進一步瞭解該企業的獲利能力，或是藉以找出可能改善該企業獲利能力的方向。投資人一般在判斷一家公司的獲利能力時，大多偏重檢視其「報酬率」及「獲利率」。所謂「報酬率」是經濟學名詞，係指投資後所得到的收益與所投入成本之間的百分比率；而「獲利率」則指衡量公司每1元的銷貨收入之中，可賺取多少利潤的百分比率。

1. 報酬率

　⑴總資產報酬率（ROA）

　　總資產報酬率＝稅後淨利／平均總資產

　　這個比率所要表達的是企業使用總資產所產生或創造出稅後淨利的能力。總資產報酬率，是檢視利潤和總資產運用效率的關聯性指標，所以總資產報酬率越高，就表示企業使用總資產所能產生或創造出的稅後淨利越高，其經營績效也就越好。

　　因為，如果一家企業的總資產報酬率偏低，有可能是該企業有許多無法派上用場的資產，或是有太多報酬率偏低的投資項目，導致分母虛胖（總資產太高），建議可以考慮處分掉過多閒置的資產，當

分母一縮小（總資產變少）即使分子不變，總資產報酬率就會跟著提高，經營績效也就會變好。

　　舉例來說：某公司當年度之稅後淨利及總資產分別為新臺幣350千元及新臺幣1,820千元，請問該公司當年度之總資產報酬率？

　　總資產報酬率＝稅後淨利／平均總資產

$$＝350 / 1,820$$

$$＝19.2\%$$

(2)股東權益報酬率（ROE）

　　股東權益報酬率＝稅後淨利／平均股東權益

　　通常這個比率是股東們最關切的議題，意即該企業是否能夠有效的使用股東的資金來產生或創造收益的關鍵性指標。因為這個比率所要表達的是平均每單位股東權益所能創造出的稅後淨利，因此是一種跨年度或跨期間（Year of Year, YoY）的比較概念。如果股東權益報酬率越高，就表示企業使用股東的資金所能產生或創造出的稅後淨利越高，其經營績效也就越好。

　　如果一家企業的領導人無法瞭解股東權益報酬率背後的意義，就不能站在全體股東的利益來考量所有的重大投資、融資、營運等項目，當然無法帶領該企業做出最佳的營運及管理決策。

　　舉例來說：某公司當年度之稅後淨利及平均股東權益分別為新臺幣350千元及新臺幣1,400千元，請問該公司當年度之股東權益報酬率？

　　股東權益報酬率＝稅後淨利／平均股東權益

$$＝350 / 1,400$$

$$＝25\%$$

⑶投入資金報酬率（ROI）

投入資金報酬率＝稅後淨利／（平均長期負債＋平均股東權益）

這個比率所要表達的是企業使用總投入長期資金所產生或創造出稅後淨利的能力。因為，短期流通資金或是流動資金是經由短期負債而取得的，這些並不能要求創造出報酬，因此在分母中將短期流通資金剔除。投入資金報酬率越高，就表示企業使用總投入長期資金所能產生或創造出的稅後淨利越高，其經營績效也就越好。

2.獲利率

⑴淨利率

淨利率＝淨利／營業收入

這個比率所要衡量的是淨利占營業收入的比率。

⑵營業利益率

營業利益率＝營業利益／營業收入

所謂營業利益係指企業將營業毛利減掉營業費用之後的利益，這個比率所要衡量的是企業從營業活動中產生或創造出的營業利益占營業收入的比率。

⑶營業毛利率

營業毛利率＝營業毛利／營業收入

這個比率所要衡量的是企業從營業活動中產生或創造出的營業毛利占營業收入的比率。

⑷每股盈餘

每股盈餘＝（本期淨利－特別股股利）／流通在外的普通股股數

這個比率所要衡量的是每一股普通股所獲得的利潤。

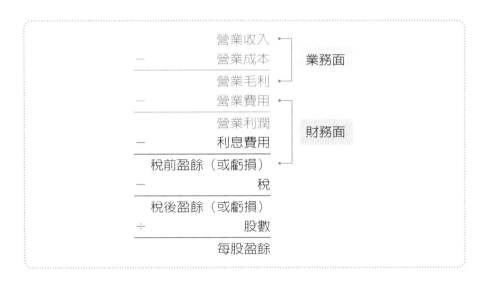

　　舉例說明：某公司當年度之營業收入、營業成本、營業費用、利息費用、所得稅、特別股股利及流通在外的普通股股數等資訊依序為新臺幣40,000千元、新臺幣20,000千元、新臺幣10,000千元、利息費用5,000千元、所得稅1,000千元、0及2,000,000股，請依序計算該公司當年度之營業毛利率、營業利益率、淨利率、每股盈餘？

營業毛利率＝營業毛利／營業收入

　　　　　＝（40,000－20,000）／40,000＝50%

營業利益率＝營業利益／營業收入

　　　　　＝（20,000－10,000）／40,000＝25%

淨利率＝淨利／營業收入

　　　＝（10,000－5,000－1,000）／40,000＝10%

每股盈餘＝（本期淨利－特別股股利）／流通在外的普通股股數

　　　　＝4,000,000／2,000,000＝新臺幣2元／每股

應用情境 8

　　寰宇公司剛發布完第三年第一季的財務報表，某日，簽證會計師[1]A來訪。當天由總經理及財務長負責接待。

　　會計師A提及：「貴公司本業表現的確非常亮眼，但是營業外收入的金額比起往年似乎也有逐年攀升的趨勢（寰宇公司第一至第三年營業外收入金額分別為新臺幣300萬元、375萬元、675萬元），不知道這是為什麼呢？」

　　總經理搶先一步回答說：「營業外收入的金額逐年攀升，不是會讓公司的淨利和每股盈餘數字更加地亮眼，難道有何不妥嗎？」

　　聽到會計師A所提出的問題，坐在一旁的財務長雖然眉頭深鎖，但是心中似乎早有答案。

---

1. 依據「會計師查核簽證財務報表規則」第21條所示，會計師查核簽證財務報表，應先就財務報表所列各項目餘額與總分類帳逐筆核對，總分類帳並應與明細帳或明細表總額核對，相符後，再依下列程序查核：一、現金及約當現金；二、短期性之投資；三、應收票據與應收帳款及營業收入；四、其他應收款項；五、存貨及營業成本；六、預付款項；七、其他流動資產；八、長期性之投資；九、不動產、廠房及設備、投資性不動產、無形資產及生物資產；十、其他非流動資產；十一、借款；十二、應付票據與應付帳款及進貨；十三、應計費用及其他應付款項；十四、預收款項及遞延貸項；十五、應付公司債；十六、其他非流動負債；十七、權益；十八、負債準備、或有事項及承諾；十九、營業費用；二十、營業外收益及費損；二十一、所得稅；二十二、其他綜合損益；二十三、關係人交易：關係人交易之查核；二十四、其他：受查者如涉有不合營業常規之交易事項，應查明及評估其對財務報表之影響，並作適當之處理。

（二）經營能力

　　所要表達的是該企業是否有效率的使用各項資產，或是該企業是否能夠有效率的管理並運用各項資產。財務人員可以發現，當一家企業能夠有效率的管理並運用各項有限的資產時，其獲利能力與償債能力也會因而提高。

1. 應收帳款週轉率

　　應收帳款週轉率＝淨營業收入／平均應收帳款

　　淨營業收入是指某一會計期間內的總營業收入減去銷貨退回與銷貨折讓[2]，這個比率所要衡量的是企業的應收帳款在某一會計期間內轉換成現金的次數，應收帳款週轉率越高，就表示企業收取現金的能力、應收帳款的品質及企業對應收帳款的管理越好。但是，如果企業的應收帳款週轉率太高，有可能表示該企業的銷售策略太過嚴苛（例如與同業平均數據相比較之下，可能其賒銷額度太低或是條件太死板），導致失去了許多的銷售機會。

2. 存貨週轉率

　　存貨週轉率＝營業成本／平均存貨

　　這個比率所要衡量的是某一會計期間內企業的資金應用在存貨的情形，並將存貨銷售出去的能力。理論上存貨週轉率越高，就表示企業將存貨銷售出去的能力越好，但是，如果企業刻意的降低存貨以提高資金的使用效率，反而會產生負面的效果。例如，與同業平均數據相比較之下，企業的存貨太低可能使得原先接到的訂單因為缺原料或是缺零件，導致生產線因為等待原料或是零件而停工，

2　銷貨退回與折讓是指因錯發商品或商品質量不合格而被購買方退回的商品或在價格上給予的折扣。銷貨退回與折讓是一個總帳帳戶，在損益表中作為銷售收入的減項。

甚至無法如期交貨的窘境。因此，財務人員必須同時取得同產業平均存貨週轉率的數據，才能更加準確的分析一家企業的存貨週轉率是否適當。

3. 固定資產週轉率

固定資產週轉率＝營業收入／平均固定資產

這個比率所要表達的是某一會計期間內企業使用的固定資產是否能夠產生或創造出合理的營業收入。理論上固定資產週轉率越高，就表示企業使用的固定資產的效率越好，但是，因為固定資產項目中常存在著為數不小的長期投資，所以如果要更加精確的算出固定資產週轉率，則必須先將長期投資從固定資產項目中扣除，否則會因而低估企業的固定資產週轉率。

4. 總資產週轉率

總資產週轉率＝營業收入／平均總資產

這個比率所要表達的是某一會計期間內企業使用的總資產是否能夠有效的產生或創造出合理的營業收入。理論上總資產週轉率越高，就表示企業的總資產都能夠有效率的使用，生產設備沒有閒置、存貨運用得宜也沒有缺原料或是缺零件的情形、企業對應收帳款的管理良好也沒有過多無法收回的壞帳等，但是，如果總資產週轉率太高，則表示該企業投資太低或擁有的總資產太少，並沒有達到最佳的經濟規模，因此，總資產如果未能適度的提高或調整，將會因而影響到該企業的價值。

（三）償債能力

所要表達的是該企業是否能夠從營業收入中償還債權人的資

金。對債權人而言，這個比率當然是越高越好。我們依據企業必須償還債權人資金的時間長短，將此能力分為下列兩大類：

1. 短期償債能力

　　所要表達的是該企業是否有能力在短期內將一些資產轉換成現金，用來償還即將到期的負債，因為短期內如果發生資金週轉不靈而無法如期償還負債，公司很可能陷入倒閉的危機。

　　⑴流動比率

　　流動比率＝流動資產／流動負債

　　這個比率所要衡量的是該企業即將到期或即將要償還的流動負債，有多少流動資產可以用來償還。流動比率越高，表示企業償還流動負債的能力越好，發生週轉不靈的風險就越低。評價人員在分析企業短期的償債能力時，仍然必須考量產業的季節特性及其他人為因素對流動比率所產生的影響。

　　舉例說明：某公司當年度之流動資產及流動負債分別為新臺幣1,740千元及新臺幣700千元，請問該公司當年度之流動比率？

　　流動比率＝流動資產／流動負債＝1,740／700＝248%

　　⑵速動比率

　　速動比率＝（流動資產－存貨、預付費用等變現力較差的資產）／流動負債

　　因為流動資產中包括許多例如存貨及預付費用等變現力較差的資產，因此，我們將流動資中變現力較差的資產扣除之後，分子中的項目將變成更加嚴謹的速動資產。這個比率可以用來評估企業緊急償還流動負債的能力，所以速動比率越高，即表示企業的緊急償還能力越好。

　　舉例說明：某公司當年度之流動資產、流動負債、存貨及預付費用分別為新臺幣1,740千元、流動負債新臺幣700千元、新臺幣550千元及新臺幣350千元，請問該公司當年度之速動比率？

　　速動比率＝（流動資產－存貨、預付費用等變現力較差的資產）／流動負債＝（1,740－550－350）／700＝120%

⑶現金比率

　　現金比率＝現金及約當現金／流動負債

　　因為大多數的債務或負債最終都必須用現金償還，因此，在評估企業短期償債能力時，可以計算該企業有多少現金及約當現金可以用來償還即將到期的流動負債。現金比率越高，表示企業償還流動負債的能力越好。

　　上述提到的三個項目，即流動比率、速動比率與現金比率，是用來衡量企業償還短期（流動）負債的能力，因為企業的流動資產相較於非流動資產通常具有較高的變現性，因此，一般也稱為變現性指標。

⑷利息保障倍數

　　利息保障倍數＝營業利益／利息費用

　　另一方面，評估企業的償債能力時，也必須評估企業定期所要支付的利息及到期償還本金的能力。企業的償債能力與獲利能力的關係密不可分，如果沒有足夠的獲利能力，當然無法創造出足夠的現金來支付利息及償還本金。公式中的分子為息前稅前營業利益（EBIT），不必去考量非常損益等性質特殊且不會重複發生的盈餘項目，以減少分析時的波動。利息保障倍數越高，則表示債權人受到保障的程度越高。

2. 長期償債能力

　　　　負債權益比＝總負債／股東權益

　　　　這個比率所要衡量的是該企業總負債相對於股東權益的比率。該比率如果過高或大於產業平均，表示該企業長期需要償還的負債越多，可能會面臨無法如期償還負債的風險，相較於負債權益比較低的企業來說，其財務結構可能也比較不健全。

（四）財務結構

　　　　所要表達的是透過負債與資產的配比突顯企業對於風險管理之能力。

1. 負債占資產比率

　　　　負債占資產比率＝總負債／總資產

　　　　這個比率所要衡量的是該企業總資產的資金來源有多少比率是來自於負債。該比率越高，表示該企業取得資產所使用的資金，有較高的比重可能來自於債權人（負債），相較於負債占資產比率較低的企業來說，其面臨的財務風險也會比較高。

2. 長期資金占固定資產比率

　　　　長期資金占固定資產比率＝（長期借款＋股東權益）／固定資產

　　　　長期資金係指來自長期借款債權人與股東的資金，這個比率可以用來衡量企業是否過度使用長期資金來投資過多的固定資產。如果企業常以舉借短期資金來支應長期資金需求，其面臨的財務風險也就比較高。

（五）槓桿程度

1. 財務槓桿

財務槓桿＝營業利益／（營業利益－利息費用）

這個比率所要衡量的是該企業是否能夠有效的使用舉借的資金。如果所產生的利潤大都用來支付利息，則該企業的財務風險也就比較高。因此，財務槓桿越高，表示該企業的債務壓力越大，其面臨的財務風險也比較高。

2. 營運槓桿

營運槓桿＝（營業收入－變動營業成本及營業費用）／（營業收入－變動營業成本及營業費用）－固定營業成本及營業費用

這個比率所要衡量的是該企業獲利能力的變化。企業成本結構中，固定營業成本及營業費用的比率越高，表示該企業的營運槓桿越高。營運槓桿越高，表示該企業的債務壓力越大，其面臨的營運風險也比較高。

（六）現金流量比率

1. 營運現金流量占流動負債比率

營運現金流量占流動負債比率＝營運現金流量／流動負債

這個比率所要衡量的是該企業是否能夠有效的使用營運資金來產生現金流入，以償還流動負債的能力。

2. 營運現金流量占長期負債比率

營運現金流量占總負債比率＝營運現金流量／（長期負債＋所有附息負債）

這個比率所要衡量的是該企業是否能夠有效的使用營運資金來產生現金流入，以償還所有附息負債的能力。

表4-1　財務比率分析各類指標之評估功能

經營績效評估指標		評估項目	評估功能分析
獲利能力	報酬率	總資產報酬率（ROA）	使用總資產所產生或創造出稅後淨利的能力
		股東權益報酬率（ROE）	使用股東的資金所產生或創造稅後淨利的能力
		投入資金報酬率（ROI）	使用總投入長期資金所產生或創造稅後淨利的能力
	報酬率	淨利率	從營業活動中所產生或創造出稅後淨利的能力
		營業利益率	從營業活動中所產生或創造出營業利益的能力
		營業毛利率	從營業活動中所產生或創造出營業毛利的能力
		每股盈餘	每一股普通股所獲得的利潤
償債能力	經營能力	應收帳款週轉率	對應收帳款管理的能力
		存貨週轉率	將存貨銷售出去的能力
		固定資產週轉率	使用固定資產的效率
		總資產週轉率	使用總資產的效率
	短期償債能力	流動比率	有多少流動資產可用來償還即將要到期的流動負債
		速動比率	緊急償還流動負債的能力
		現金比率	有多少現金及約當現金可用來償還即將到期的流動負債
		利息保障倍數	定期所要支付的利息及到期償還本金的能力
	長期償債能力	負債權益比	總負債相對於股東權益的比率

（接下頁）

經營績效評估指標	評估項目	評估功能分析
財務結構	負債占資產比率	總負債占總資產的比率
	長期資金占固定資產比率	衡量是否過度使用長期資金來投資過多的固定資產
槓桿程度	財務槓桿	財務槓桿越高，表示該企業的財務壓力越大
	營運槓桿	營運槓桿越高，表示該企業的營運壓力越大
現金流量比率	營運現金流量占流動負債比率	是否能夠有效的使用營運資金償還流動負債的能力
	營運現金流量占長期負債比率	是否能夠有效的使用營運資金償還所有附息負債的能力

除了上述金管會所提之六大面向外，本書建議讀者應同時考量該公司的未來成長性：換言之，讀者可以跨年度的比較方式協助我們找出企業的成長趨勢與潛力。

1. 營業收入成長率

營業收入成長率＝〔（當年度營業收入／前年度營業收入）－1〕×100%

2. 營業毛利成長率

營業毛利成長率＝〔（當年度營業毛利／前年度營業毛利）－1〕×100%

3. 營業利益成長率

營業利益成長率＝〔（當年度營業利益／前年度營業利益）－1〕×100%

4. 淨利成長率

淨利成長率＝〔（當年度淨利／前年度淨利）－1〕×100%

5. 總資產成長率

總資產成長率＝〔（當年度總資產／前年度總資產）－1〕×100%

6. 總負債成長率

總負債成長率＝〔（當年度總負債／前年度總負債）－1〕×100%

7. 股東權益成長率

股東權益成長率＝〔（當年度股東權益／前年度股東權益）－1〕×100%

除此之外，財務人員還要考量企業所處的環境、企業的規模、企業成立的時間長短等因素，因為通常企業的規模越大風險較小；再者，企業成立的時間長越短，各項財務報表或財務比率分析的樣本數據自然也比較有限，加上營運經驗及組織結構也比較不穩定，所面臨的風險也相對較高，這些問題對企業而言，都是值得省思的。

應用情境 9

　　記者A所提「公司的營業收入淨額與營業毛利都不算太差（第一季的銷貨收入淨額、營業毛利分別為新臺幣3,600萬元、45%），為什麼會發生虧損？（新臺幣300萬元）」，財務長很坦誠地告知，由於寰宇公司尚在創業摸索初期，公司商品的售價偏高，也缺乏市場競爭力，導致營業收入無法負擔公司的銷貨成本與營業費用。

▶ 隨行的記者C發問：「嗯……那請教財務長，我們是不是只要調降公司商品的售價，就可以馬上拉高銷貨數量，增加銷貨收入並挽回劣勢，那麼下一季就可以擺脫虧損了呢？」對於此語，財務長笑了笑，提出了他的答案。請問您：這樣的價格調整策略是不是良策呢？

▶ 此外，如果公司規模不大且成立的時間也不夠長，考量向銀行貸款的話，因為銀行借出資金相對的風險比較高，所以貸款的利率也會隨著提高。為了節省利息費用考量，如果有人建議財務長不要對外舉債，這樣的觀念是否正確呢？

四、公司經營績效與財務報表分析之關聯

　　既然企業管理者或外部的投資人可以藉由財務報表分析來瞭解企業的財務能力及其優缺點，因此如果想藉此分析作為決策的參考依據或幫助使用者做好未來的財務或投資預測，就必須進一步瞭解使用財務報表或財務比率分析時可能會面臨的各種限制：

（一）會計估計

　　例如不動產、廠房及設備的耐用年限與殘值、呆帳比率等。估計不當或錯誤極有可能會影響到財務報表表達的適切性，因而導致財務報表分析結果的正確性。

（二）歷史成本

　　會計帳務處理通常是以歷史成本作為入帳基礎，若不考慮物價或市場價值的變動，當物價水準大幅度變動時，可能會使財務報表分析的結果失真。

（三）會計方法的差異

　　一般公認會計原則（GAAP）允許會計人員在處理各種會計交易紀錄時有一定的彈性空間，所以不同企業的財務報表或多或少還是有可能存在些許的差異，而使得財務報表分析難以比較。

（四）產業的差異

　　財務人員進行財務報表分析時必須注意不同產業的產業特性、經營目標等差異。例如製造業所需購置的不動產、廠房及設備的總比率及總金額通常會比買賣業要高出許多。

　　財務報表使用者希望藉由財務報表來瞭解、分析一家企業過去的經營績效及目前所處的財務狀況，並期望對企業未來可能面臨的發展做出最好的預估，以資管理者或投資人作為決策參考之依據。既然財務報表分析與使用者所作的決策息息相關、密不可分，因此在採用各項數據之前當然需要經過審慎的評估，才能有效地發揮財務報表分析的功能。

五、財務報表分析小提醒

　　我們要特別提醒讀者的是，看財務報表不應該只偏重營業額或是營業收入，日本大榮集團創辦人曾經誇口說：「好的商品售價越低越好、營業收入可以拯救一切。」他過去的確帶領集團旗下的大榮超市創下繁盛一時的榮景，然而該集團卻逃不過泡沫經濟崩盤、超市的消費人數下滑，業績也持續惡化，並在2013年被AEON集團收購，最後廣為日本人所熟知的大榮集團也在2013年走入歷史。

　　李·艾科卡（Lee Iacocca）曾經說過：「光是不停數著豆子，絕對無法回應需求並贏得競爭。」李曾經成功的重建美國兩家汽車大廠——福特與克萊斯勒，他之所以把會計比喻成數豆子的人，是因為「只知道數豆子是不夠的，還要能夠區分豆子的好壞。換句話說，企業唯有透過不同的視角來檢視各種數字，才能在面臨不景氣時殺出重圍」。

　　因為資本市場或精明的投資人要對企業或投資標的進行評價之前，除了得評估其營業收入、獲利金額或營業規模之外，尚需著手研究該企業或投資標的之獲利比率、自有資金比率及其財務結構，

簡言之，當企業營業規模持續成長時，就不能只重視量，還必須要重視質。

綜上所述，寰宇公司營業外收入的金額逐年攀升，雖然能夠暫時地美化公司的淨利和每股盈餘等財務數字，但是過於依賴營業外收入或非經常性的收入，除了讓投資人認為該企業不務正業之外，對企業經營來說亦非長久之計。「營業收入」增加或減少只是單純一項數據的增減變化，但要能有效地發揮財務報表分析的功能，必須先理解財務報表當中各項數據之間的關係，才能真正活用並掌握財務報表分析的重要關鍵。

貨幣的時間價值

應用情境 10

　　某日，寰宇公司在部門主管會議中，各個部門依照慣例提出了例行性工作報告，以下幾項是與財務長的職能相關的，如果您是該公司的財務長，您會如何思考並回答呢？

▶ 公司計畫購置一部進口汽車，目前市價是新臺幣100萬元，向A經銷商購買只需先付頭期款新臺幣40萬元，餘額2年後付清。如向B經銷商購買則以現款新臺幣90萬元成交。假設目前的利率為10%，A和B兩家經銷商開出的條件，採購主管應該怎麼選擇比較划算呢？

▶ 公司為留住人才計畫為員工設立退休金專案，如果每年年底都要存入新臺幣10萬元、年利率為2%、連續存10年的話，請問第十年年底每位員工的退休金總額有多少？

▶ 公司某員工私下詢問人事部門關於儲蓄型保險購買的計畫，保險內容如下：如果自2018年起至2023年，每年年初都是存入新臺幣20萬元，該儲蓄型保單的年利率是3%，那麼到了2023年年底可以收回多少錢呢？

▶ 本公司有意將閒置的新臺幣10萬元暫時先存入銀行2年，A銀行的利率為4.1%、每年複利一次；B銀行的利率為4%、每季複利一次，那麼財務長應該將錢存入哪一家銀行呢？

一、貨幣的時間價值

　　在現實生活中，個人或企業資金的借貸，都要計算利息，因為資金持有者犧牲了現在能夠消費或享受的機會，將資金借給資金需求者，所以資金需求者除了償還借用的資金之外，理所當然應該多付一些錢當作資金持有者犧牲立即消費或享受的機會的報酬。例如，若目前銀行定期存款年利率為3%，今天將100元存入銀行，1年以後就可以拿回103元。

　　但是資金的價值通常會隨著時間的變化而有所改變，因為貨幣用於投資可以獲得收益，存入銀行可以獲得利息，貨幣的購買力會因為通貨膨脹的影響而產生變化。正因貨幣具有時間價值，所以人們通常會認為當前持有一定金額的貨幣會比未來獲得相同金額的貨幣具有更高的價值。

　　常聽到人們：「今天手中握有1元，比明天才能拿到的1元值錢。」因為貨幣具有時間價值，而且財務決策經常與投入及收到現金的時間點息息相關，在不同的時間點所支付或收到的相同金額的資金，其價值往往差之千里。

　　俗諺說：「雙鳥在林不如一鳥在手。」在手之鳥理論[1]（bird-in-the-hand）認為，公司使用保留下來的收益或盈餘再繼續投資，會使得股東或投資者原本既得的收益帶來很大的不確定性或風險，

1　在手之鳥理論源於諺語「雙鳥在林不如一鳥在手」。該理論可以說是流行最為廣泛、最持久的股利理論。其初期表現為股利重要論，後經威廉姆斯（Willianms）、林特納（Lintner）、華特（Walter）和麥倫‧戈登（Gordon）等發展為「在手之鳥」理論。戈登是該理論的最主要的代表人物。麥倫‧戈登教授1920年出生於美國紐約。從1970年開始一直在多倫多大學擔任理財學教授。麥倫‧戈登教授1941年畢業於美國威斯康星大學，獲經濟學學士學位；1947年和1952年分別獲得哈佛大學經濟學碩士學位和博士學位。

且投資的風險也會隨著時間的經過而進一步增大，因此股東或投資者更喜歡當下就收到現金股利，而較不喜歡將利潤留給公司。

　　一般來說，人們對於風險或不確定的因素會產生反感，並且認為風險將隨著時間延長而增大，與其把增加的收益留下來再拿去投資（意即當下拿不到現金或股利），不如當下就能夠先拿到現金或股利。因為在人們心目中，股東或投資者寧願目前收到較少的現金或股利，也不願等到將來再收回不確定的較大的股利或獲得較高的股票出售價格。

二、現值與終值

（一）現值（**Present Value**）

　　是指在給定的利率水準下，將未來的資金折算成現在時點的價值。當預期的現金流入需要等待一段時間（例如1年）後才能收到時；或是預期的現金流出需要等待一段時間（如1年）後才要支付時，這些收入或支出的現值要比收到或支付的實際金額還要少。並且，隨著等待的時間越長，其現值也會越小。

　　1. 經過的時間相同：當利率越高，其資金的報酬率或折現率越高，則現值越低。
　　2. 給定的利率相同：當經過的時間越長，則現值越低。

　　例如，若目前銀行定期存款年利率（或折現率）為3%，想要在第三年的年底收到新臺幣1,000元，則現在要存入多少錢？讀者請參考下表，也可以查閱附表1「現值利率因子表」（Present Value Interest Factor），給定未來值、期數、年利率3%後即可得知：

$$PVIF_{3\%,\,3}＝0.9151$$

$$1,000×0.9159＝915.1$$

時間	第一年年底	第二年年底	第三年年底
利率	3%	3%	3%
計算式	$1,000 / (1+3\%)^1$	$1,000 / (1+3\%)^2$	$1,000 / (1+3\%)^3$
新臺幣金額	970.87	942.6	915.14

（二）終值（Future Value）

是指貨幣在未來特定時點的價值。換言之，終值＝現在時點的貨幣價值＋時間價值。在給定的利率水準下，將未來資金的價值（終值）折算成現在時點資金的價值的過程，稱為折現。然而，看起來再簡單不過的折現，其中卻隱藏著許多不確定的因素。

例如：利率水準、物價波動及偏好，如果將這三項不確定的因素一起列入考量的話，就會有主觀判斷的影響。

1. 經過的時間相同：當利率越高，其資金的報酬率或折現率越高，則終值越高。
2. 給定的利率相同：當經過的時間越長，則終值越高。

例如，若目前銀行定期存款年利率為3%，今天將新臺幣1,000元存入銀行，1年之後就可以拿回新臺幣1,030元。讀者請參考下表，也可以查閱附表2「終值利率因子表」（Future Value Interest Factor），給定現值、期數、年利率3%之後即可得知：

$$FVIF_{3\%,\,1}=1.0300$$

$$1,000×1.0300=1,030$$

時間	第一年年底	第二年年底	第三年年底
利率	3%	3%	3%
計算式	$1,000 \times (1+3\%)^1$	$1,000 \times (1+3\%)^2$	$1,000 \times (1+3\%)^3$
新臺幣金額	1,030	1,061	1,093

三、年金的現值與終值

　　年金是指定期且定額的現金流量，簡言之，年金就是定期會收到定額的錢。例如：老人年金、國民年金或是購買公債或公司債，除了期滿收回本金之外，還可以定期收到一定額度的利息。一般來說，年金可以分為普通年金及永續年金兩種。

（一）普通年金（Ordinary Annuity）

　　指期初或期末才能夠收到的年金。如：將廠房或房子出租，每月月初或每年年初會收到定額的租金，屬於期初年金；而購買購公債或公司債等債券，每年年底才能夠收到一定額度的利息，是為期末年金。所以，期初年金與期末年金的現金流量會相差一期，因此無論是現值還是終值，期初年金的價值皆高於期末年金。

1. 普通年金現值：例如，若今年年底起連續5年，每年年底都能夠收到新臺幣100元，如果年利率（或折現率）為10%，則現值為多少？

　　因為每年年底都能收到新臺幣100元，而且連續5年、以年利率10%折現可得出下列式子：

$100／(1＋10\%)^1＋100／(1＋10\%)^2＋100／(1＋10\%)^3＋100／(1＋10\%)^4＋100／(1＋10\%)^5＝379.08$

　　讀者也可以查閱附表3「年金現值利率因子表」（Present Value Interest Factor Annuity），當年金新臺幣100元、期數5年、年利率10%得知：

　　$PVIFA_{10\%,5}＝3.7908$

　　$100×3.7908＝379.08$

2. 普通年金終值：例如，若今年年底起連續5年，每年年底都存入銀行新臺幣100元，如果年利率為10%，每年複利，則5年後（本利和）終值為多少？

　　因為每年年底都存入新臺幣100元，而且連續5年、以年利率10%複利可得出下列式子：

　　$100×(1＋10\%)^4＋100×(1＋10\%)^3＋100×(1＋10\%)^2＋100×(1＋10\%)^1＋100＝610.51$

　　讀者也可以查閱附表4「年金終值利率因子表」（Future Value Interest Factor Annuity），當年金新臺幣100元、期數5年、年利率10%得知：

　　$FVIFA_{10\%,5}＝6.1051$

　　$100×6.1051＝610.51$

（二）永續年金（Perpetuity）

　　指沒有到期日，每年定期會收到定額的租金或利息。例如：將土地出租收取地租就屬永續年金、持有特別股股票因為沒有到期日，而且每年定期會收到定額的股利（如果該公司期末有盈餘時）。因此，地租與特別股股票的價值，都是以永續年金的概念來進行評價。

　　因為永續年金沒有到期日，也就是說永續年金不還本金（除非該特別股股票公司清算），所以永續年金沒有終值問題。例如，若每年年底都可以收到新臺幣1元總共無限期，如果年利率（或折現率）為10%，則現值為多少？

　　因為每年年底都能收到新臺幣1元，而且是無限期、以年利率10%折現可得出下列式子：

$$1 / (1+10\%)^1 + 1 / (1+10\%)^2 + 1 / (1+10\%)^3 + 1 / (1+10\%)^4 + \cdots\cdots / (1+10\%)^n = 10$$

　　永續年金的現值＝1／年利率，也就是說，每年年底收到新臺幣1元的永續年金是以年利率10%折現所推算出來的，即1／10%=10

四、貨幣時間價值之應用

問題1

　　某廠牌進口汽車目前市價是新臺幣100萬元，向A經銷商購買只需先付頭期款新臺幣40萬元，餘額2年後付清。如向B經銷商購買則以現款新臺幣90萬元成交。假設目前的利率為10%，A和B哪家經銷商的條件比較划算呢？

　　因為向A經銷商購買必須先支付新臺幣40萬元頭期款，然後再計算餘額新臺幣60萬元的現值，讀者可以下列式子計算出來，或是查閱附表1「現值利率因子表」，給定未來值、期數、年利率10%之後即可得知：

$$A經銷商之付款總金額＝400,000＋600,000／(1＋10\%)^2$$
$$＝400,000＋600,000×0.8264$$
$$＝400,000＋495,840$$
$$＝895,840$$

因為A經銷商費用現值為新臺幣89萬5,840元低於B經銷商新臺幣90萬元，所以是A經銷商的條件比較划算。

問題2

　　某人想為自己存一筆退休金，如果他每年年底都是存入新臺幣10萬元，如果年利率為2%，連續10年，請問第十年年底他的退休金總額有多少？

　　讀者可以查閱附表4「年金終值利率因子表」，當年金新臺幣10萬元、期數10年、年利率2%得知：

$FVIFA_{2\%,10}＝10.9497$

$100,000×10.9497＝1,094,970$

或是以下列式子計算出來：

$100,000×(1＋2\%)^{10}＋100,000×(1＋2\%)^9＋100,000×(1＋2\%)^8＋100,000×(1＋2\%)^7＋100,000×(1＋2\%)^6＋100,000×(1＋2\%)^5＋100,000×(1＋2\%)^4＋100,000×(1＋2\%)^3＋100,000×(1＋2\%)^2＋100,000×(1＋2\%)^1＋100,000＝1,094,970$

問題3

　　老王購買儲蓄型保險，自2015年起至2020年，每年年初都是存入新臺幣20萬元，該儲蓄型保單的年利率是3%，那麼至2020年年底可以收回多少錢呢？

讀者可以查閱附表4「年金終值利率因子表」，當年金新臺幣20萬元、年利率3%、期數6年，即可得知終值：

終值＝200,000×$FVIFA_{3\%,6}$×（1＋3%）

讀者透過查表即可發現，當i＝3%、期數6年，$FVIFA_{3\%,6}$＝6.4684

200,000×6.4684×（1＋3%）＝1,332,490

問題4

某本公司有意將閒置的新臺幣10萬元先存入銀行2年，A銀行的利率為4.1%，每年複利一次；B銀行的利率為4%，每季複利一次，那麼我們應該選擇哪家銀行呢？

先分別計算A、B兩家銀行的終值，再加以比較即可：

A銀行的終值＝100,000×（1＋4.1%）^{2}

　　　　　　＝100,000×1.083681

　　　　　　＝108,368.1

B銀行的終值＝100,000×〔1＋（4%／4）〕$^{4\times2}$

　　　　　　＝100,000×1.01^8＝108,290

讀者也以可透過查閱附表2「終值利率因子表」，給定現值、期數、年利率4%之後即可得知：

$FVIF_{1\%,8}$＝1.0829

算出B銀行的終值＝100,000×1.01^8＝100,000×1.0829＝108,290，所以應該選擇A銀行比較有利。

資金的風險

應用情境 11

寰宇公司董事長甲在會議中，曾指示與會的總經理與財務長：「資金籌募是公司在中、長期發展上不可或缺的要務，所以公司必須未雨綢繆。」寰宇在資金的籌募上也有許多不同的管道可供選擇，例如：可以向經常往來的銀行在某一信用額度[1]（Line of Credit）的範圍內借入資金，或是透過循環性承諾貸款借入某一額度內的資金，或是透過中長期貸款，作為長期投資之用，甚至公開發行股票，向社會大眾籌募資金。於是，財務長決定先召開內部會議之後再做進一步打算：

▶ 既然信用額度不必準備太多的書面報告，資金的運用彈性也較大，公司短期營運資金需求是否只要向經常往來的銀行，在目前的信用額度範圍內借入資金即可應付公司日常的營運呢？

---

1 信用額度指銀行或貸款人依據借款人的信用條件進行評鑑且量化後，決定可以提供給借方多少借貸金額的評鑑結果。此金額會因為區域、收入、負債、工作、任職企業、公司職位、財產等條件因素，由貸方單方面決定。貸款人會因為借貸方式的不同，而決定提供給借款人多少的信用額度。由於信用額度已經是貸款人依據借款人現有的條件下所可以償還的金額，所以通常在這樣的條件下所成立的借貸行為都是無擔保借貸，此意味者借款人要有越高的信用額度，借款人的各種條件都必須相當優良，貸款人才會願意提供越高的借貸金額。

▶ 如果本公司計畫向銀行貸款新臺幣100萬元當作短期營運資金，約定2年後償還，A銀行年利率為2.5%、每年年底支付利息；B銀行年利率為2.25%、每年年底支付利息，但是要求在其帳戶中保留借款金額的5%，該5%不計算利息；C銀行年利率為2.2%、期初撥款需先扣除利息。那麼本公司要向哪一家銀行貸款最有利呢？

▶ 過多的舉債會拉高公司的負債比率，如果本公司決定不上市或上櫃（公開發行股票）的話，借款的百分比應該維持多少才算合理呢？

▶ 如果本公司決定上市或上櫃（公開發行股票）的話，股東權益報酬率（ROE）應該維持多少才算合理呢？

　　在面臨這一連串的問題時，財務長應該如何決定呢？

一、資金

　　對於財務管理者而言，善用投資、融資以及各項短、中、長期資金，便能讓企業的營運從容而不匆促，所以財務管理是一種技術，也是一門藝術。舉例來說，我們透過表6-1資金之使用可以看出流動負債的「應付帳款」、「應付稅金」與「短期銀行借款」是公司在1年之內必須要償還的負債，我們可以看出該公司「流動負債」的增加幅度遠比「流動資產」增加的幅度大出許多。因此，我們透過第四章的財務比率（例如資產負債比）試算，便可以發現該公司的流動比率應該不太樂觀。

表6-1　企業資金使用與來源之結構　　　　　　　　　單位：新臺幣元

	資金用途		資金來源	
短期	流動資產		流動負債	
	應收帳款	1,000	應付帳款	2,000
	存貨	1,800	應付稅金	800
			短期銀行借款	3,000
	流動資產合計	2,800	流動負債合計	5,800
長期	非流動資產		非流動負債	
	不動產、廠房及設備	10,000	長期銀行借款	7,000
	非流動資產合計	10,000	非流動負債合計	7,000
	資產總計	12,800	負債及權益合計	12,800

　　表6-1所要表達的是企業資金來源與用途一體之兩面，左手邊代表資金的用途，即構成企業的資產；右手邊代表資金的來源，即構成企業的負債與權益。

　　既然財務管理能在「企業管理」——即生產與作業管理、行銷管理、人力資源管理、研究發展管理、財務管理、資訊管理等六大基礎當中占有不可或缺的一席之地，因此稱職的財務管理者在面臨選擇不同的資金籌措管道時，當然必須先釐清下列幾個問題：

㈠ 不同的資金籌措管道，應該要付出多少成本呢？

㈡ 資金籌措的成本，應該要如何計算呢？

㈢ 若發行特別股股票，應該要發放多少股利呢？

㈣ 若發行普通股股票，股東要求的必要報酬率（ROE）應該要維持多少呢？

㈤ 如果企業向銀行舉債之外，又同時發行股票籌措資金的話，則資金成本應該要如何計算呢？

　　經考量以上的問題之後，財務管理者應該要正確地從眾多資金籌措管道中評估並選擇出對企業最為有利的方案。如此一來，不僅能讓企業善用營運資金，還能進一步提升企業的經營績效、獲利及競爭能力。

二、風險

　　風險是指在某一特定環境下，在某一特定時間內，某種損失發生的可能性。換句話說，是在某一個特定時間內，人們所期望達到的目標與實際出現的結果之間所產生的差距稱之為風險。現實生活中，當風險發生的頻率很高時，一般來說風險程度都不大；而風險發生頻率較低者，其風險程度相對會比較大。

企業通常面對不同程度的風險會有不同的處理方式，透過表6-2關於企業風險的分類，我們可以瞭解經營企業可能面臨到千變萬化的風險。例如：總體經濟風險屬於無法抗拒的風險、颱風、地震、水災等天災（可投保颱風險、地震險、水災險）；遭竊、火災、客戶倒債或破產、員工監守自盜等，屬於可透過保險契約來彌補損失的風險；另外，企業面臨產品滯銷、重要主管傷亡、公司營運、財務或投資等風險，可依據處理方式的成本效益考量，分別採取自行承擔（損失的價值太低或是風險處理的成本太高）、風險預防、風險規避、風險移轉或分散的方式來控制、管理風險。

另一方面，財務會計人員在面對公司財務報表中的「或有事項、或有負債」等財務風險時，必須瞭解是否有一些未揭露的或有事項、或有負債。例如，已進行中的或尚未結案的訴訟案件、沒有記載但存在的產品保固、維修或服務義務、沒有記載但存在的員工退休金或員工福利計畫等，上述事項通常對企業的價值都會有負面的影響。

表6-2　企業風險的分類

	企業風險分類	處理方式
一般風險	政治風險	無法抗拒的風險
	社會風險	無法抗拒的風險
	總體市場波動	無法抗拒的風險
	颱風、地震、水災	投保颱風險、地震險、水災險
個別風險	遭竊	保險契約、保全系統
	火災	保險契約來彌補損失
	客戶倒債或破產	保險契約來彌補損失
	員工監守自盜	保險契約、內部控制與內部稽核

（接下頁）

企業風險分類		處理方式
營運風險	產品滯銷	產業分析、市場研究調查
	技術變革	開發新技術以滿足客戶需求
	採購風險	開發新供應商
	智慧財產權風險	取得授權等措施，以減少因智慧財產權的主張與而導致股東權益的可能損失
	留任人才風險	提供多元且具競爭性的薪資制度
	同業競爭	提供更好的製程技術、製造能力與產能
	重要主管傷亡	保險契約、代理人制度
財務風險	舉債風險	為降低利率風險，以營運現金收入及發行固定利率的長期負債來滿足資金需求、財務規劃配置
	匯率風險	使用外幣短期借款，換匯換利交易及遠期外匯合約，從事外匯避險
	投資風險	標的企業及標的資產評價、經濟及產業分析
	金融商品風險	標的金融商品評價、經濟及產業前景分析

三、風險衡量

　　以下，我們將透過兩大面向來說明財務方面的風險應該如何衡量：

（一）投資風險的衡量

　　從事不同的產業或是選擇不同的投資方案，都會面臨到千變萬化、程度不同的風險。一般來說，投資對於風險的承受程度，可以分為：「風險規避」（Risk Avoid）、「風險中立」（Risk Neutral）、「風險愛好」（Risk Love）三種，資本市場中，大多數的投資人都屬於風險規避者。也就是說，在選擇投資標的時，當面

對預期報酬率相同、風險程度不同的投資標的時，投資人都會選擇風險程度較低的投資標的。舉例來說，期貨的風險高於股票、股票的風險高於債券及定期存款、而債券及定期存款的風險又高於政府發行的公債。

21世紀初美國房地產市場持續走高，信用不好的借款人也能獲得貸款。次級房屋借貸危機，正是由美國國內抵押貸款違約和法拍屋急劇增加所引發的金融危機。它對全球各地銀行與金融市場產生了重大的不良後果。次級房屋借貸危機以2007年4月美國第二大次級房貸公司新世紀金融公司破產事件為「標誌」，由房地產市場蔓延到信貸市場，許多金融機構和他們的客戶損失慘重，進而演變為全球性金融危機，成為了21世紀初世界經濟大衰退的一個重要部分，引發了2008年金融海嘯（或稱為2008年世界金融危機）。

美國在追求高報酬率的同時，當然也必須承擔高風險的壓力。投資人在計算各別投資方案的報酬率及評估先前的投資績效之後，還必須進一步衡量對於投資風險所能夠承受的程度，才能避免置身於無法應付的風險中。

風險的衡量就是將產生風險的不確定因素予以量化的過程。接下來，我們要進一步說明風險應該如何衡量：

1. 以歷史資料衡量

由於現在的投資方案越來越多元化也越來越複雜，過去的投資資料，對於未來投資風險的衡量是否有幫助呢？過去所發生的情況，未來是否還會再次發生呢？研究資料顯示：對於未來投資風險的預測往往要比未來獲利情況來得容易。

　　舉例來說，某上市公司5年來股價分別為50元、55元、62元、70元、80元（新臺幣），且每年都會分派新臺幣2元的現金股利，請問該公司股票的平均報酬率、標準差[2]（變異數）各為多少？

　　該公司股票報酬率＝（賣出價格－買進價格＋股利）／買進價格

　　第一年的報酬率R1＝55－50＋2／50＝14%

　　第二年的報酬率R2＝62－55＋2／55＝16.36%

　　第三年的報酬率R3＝70－62＋2／62＝16.13%

　　第四年的報酬率R4＝80－70＋2／70＝17.14%

平均報酬率R＝（14%＋16.36%＋16.13%＋17.14%）／4
　　　　　＝15.91%

標準差＝｛〔(R1－R)²＋(R2－R)²＋(R3－R)²＋(R4－R)²）〕／n－1｝½

｛〔(14%－15.91%)²＋(16.36%－15.91%)²＋(16.13%－15.91%)²＋(17.14%－15.91%)²）〕／4－1｝½＝｛〔(1.91%)²＋(0.45%)²＋(0.22%)²＋(1.23%)²〕／3｝½＝〔(0.00036481＋0.00002025＋0.00000484＋0.00015129)／3〕½＝0.0134＝1.34%

　　因為標準差越小，表示個別年度報酬率與平均報酬率的差異越小，風險就越小；標準差越大，表示個別年度報酬率與平均報酬率的差異越大，風險就越大。本案例公司股票的平均報酬率（15.91%）較高、標準差（1.34%）較小，因此算是一項不錯的投資方案。

2. 以未來發生機率衡量

2　標準差又稱標準偏差、均方差（Standard Deviation, SD），數學符號（sigma），在機率統計中最常使用作為測量一組數值的離散程度之用。簡單來說，標準差是一組數值自平均值分散開來的程度的一種測量觀念。一個較大的標準差，代表大部分的數值和其平均值之間差異較大；一個較小的標準差，代表這些數值較接近平均值。

　　因為任何投資，例如股票、債券或房地產，報酬都是在未來的時間點才能確定，因此存在許多不確定性因素。如果某項預測事件（或某公司股票的預期報酬率）其發生機率為常態分配[3]，則透過平均值（或平均報酬率）與標準差就可以預估其報酬率。

　　舉例來說，如果現在投資100元預期未來可以回收90元或120元的機率各為20%、回收100元或110元的機率各為30%，請問預期報酬率、標準差各為多少？（單位：新臺幣元）

單位：新臺幣元

回收情況	算式	預期報酬率
90元、機率20%	(90-100)/100	-10%
100元、機率30%	(100-100)/100	0%
110元、機率30%	(110-100)/100	10%
120元、機率20%	(120-100)/100	20%

該投資預期報酬率＝（90元發生機率×預期報酬率）＋（100元發生機率×預期報酬率）＋（110元發生機率×預期報酬率）＋（120元發生機率×預期報酬率）

該投資預期報酬率＝（20%×－10%）＋（30%×0%）＋（30%×10%）＋（20%×20%）＝5%

標準差＝$\{[(R1-R)^2 \times P1 + (R2-R)^2 \times P2 + (R3-R)^2 \times P3 + (R4-R)^2 \times P4] / n-1\}^{1/2}$

3　在實際應用上，常考慮一組數據具有近似於常態分布的機率分布。 若其假設正確，則約68.3%數值分布在距離平均值有1個標準差之內的範圍，約95.4%數值分布在距離平均值有2個標準差之內的範圍，以及約99.7%數值分布在距離平均值有3個標準差之內的範圍。稱為「68-95-99.7法則」或「經驗法則」。

該投資標準差＝〔（-10%－5%）^{2}×20%＋（0%－5%）^{2}×30%＋（10%－5%）^{2}×30%＋（20%－5%）^{2}×20%）〕$^{1/2}$＝（0.0045＋0.00075＋0.00075＋0.0045）$^{1/2}$＝0.10246＝10.25%

雖然投資人對風險的偏好不同，但是畢竟資金是有限的資源，當然得從眾多的投資方案中選擇最有利的組合。本案例公司的預期報酬率（5%）較低、標準差（10.25%）也比較高，所以並不是理想的投資方案。

（二）融資風險的衡量

從事不同的產業就會面臨到千變萬化、程度不同的風險。風險較高的企業例如挖礦、石油探勘、生物科技或是創業投資等，因為這類型的企業充滿高度的不確定性，想要對外舉債自然會比一般企業來得困難許多。

既然風險的高低會影響到企業的融資，因此風險太高的投資方案，其負債比率一定不會太高，因為大多數的投資人或債權人都屬於風險規避者，所以不太願意投入太多的資金。也就是說，這類型高風險的投資方案，大部分的風險還是會由企業的創辦人或股東來承擔，資金成本當然也會比較高。西元前3世紀，古希臘科學家阿基米德在其著作《論平面圖形的平衡》裡用幾何方法推導出槓桿原理，並且宣稱：「給我一個支點，我就可以翹動整個地球。」接下來，讓我們進一步說明企業融資的風險究竟應該如何衡量：

1. 以營業槓桿衡量

營業槓桿是指當企業的營業收入發生變動，將會如何影響到營業利潤的變動情況。從下圖可以看出，企業從營業收入到營業利潤

再到每股盈餘的變動情況。最上一層營業收入數字的變動通常都會比較大，到最下面每股盈餘的變動就比較小了，我們稱之為槓桿原理。

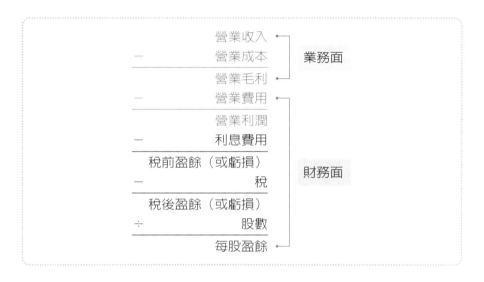

詳言之，就企業的經營過程而言，經營者與財務管理者必須時刻注意營業槓桿程度（Degree of Operating Leverage, DOL），並巧妙運用槓桿為公司取得最佳利益。一般來說，企業在年度財務報告及公開說明書中，都可以看到營業槓桿程度，不過很多人卻不太清楚這個數字具有什麼意義。其實所謂營業槓桿就是營業收入變動的百分比，所造成營業利潤變動的百分比。

營業槓桿程度＝營業利潤變動的百分比／營業收入變動的百分比

但是分子中營業利潤的變動至少要能找到兩年的財務資料才能加以計算，所以實務上都是改用下面的算式較為簡便。因為，當企業的邊際貢獻（邊際貢獻等於營業收入減去變動成本）出現負數

時，表示企業連變動成本都無法收回了，這樣的生意理所當然應該趁早結束爲妙。

營業槓桿程度

＝營業利潤變動的百分比／營業收入變動的百分比

＝邊際貢獻／（邊際貢獻－固定成本）

＝（營業收入－變動成本）／（營業收入－變動成本－固定成本）

營業風險的關鍵在於成本結構，我們如果使用太多的固定成本（例如蓋工廠、購買機器或設備等），就會縮減變動成本的運用空間，因此也就提高了營業槓桿的程度。所以當固定成本越高，營業槓桿程度就越大，企業的營業風險也就隨之提高了。

2. 以財務槓桿衡量

財務槓桿是指當企業的營業利潤發生變動，將會如何影響到每股盈餘的變動情況。企業除有營業槓桿之外，也有財務槓桿。而所謂財務槓桿就是營業利潤變動的百分比，所造成每股盈餘變動的百分比，而此財務槓桿所能夠承受的風險程度即爲財務槓桿程度（Degree of Financial Leverage, DFL）。

財務槓桿程度

＝每股盈餘變動的百分比／營業利潤變動的百分比

＝營業利潤／（營業利潤－利息費用）

財務風險的關鍵在於資金（資本）結構，就如同營業風險之於成本結構一樣。不同企業的決策者所採取的資本結構也不盡相同，企業一旦選擇了資本結構策略時，也就決定了自有資金與對外舉債的融資配置比率。實務上並沒有所謂的最適資本結構，企業只能隨著財務風險的高低起伏變化，做好最穩妥的因應對策，才能穩紮穩打。

　　企業如果使用太多的舉債，利息費用也會隨之提高，就會縮減所賺取營業利潤的運用空間，因此也就提高了財務槓桿的程度。所以當利息費用越高，財務槓桿程度就越大，企業的財務風險也就隨之提高了。

四、風險管理

　　企業的風險胃納（Risk Appetite）[4]不同，面對不同程度的風險自然也會有不同的處理方式，例如，自行承擔、風險預防、風險規避、風險移轉或分散等方式來控制或管理風險。接下來，我們將介紹台積電的風險管理組織。面臨千變萬化的風險環境、風險管理重點、風險評估及因應措施，台積電的風險管理組織定期在審計委員會[5]會議中作報告，而且審計委員會主席會按規定列席董事會報告審計委員會議的討論重點。

4　風險胃納近來雖在金融機構風險管理上受到重視（包括券商與銀行），但目前對於風險胃納作較完整定義的，應屬COSO在其企業風險管理（ERM）架構中，所陳述的：「追求某目標或願景的公司或個體，由較為廣闊基礎下之考慮而願意接受的風險。」相對於另一個名詞，風險容忍度（Risk Tolerance），係指「相對於所欲達成之目標而可接受的變異程度」。在這樣的架構下，風險胃納是屬於較上層與較廣闊的概念，而風險容忍度就屬於較為落實與較為具體的層次了。

5　源自美國2002年7月通過的沙賓法案（Sarbanes-Oxley Act），該法案規定公開發行的公司，應設置由完全獨立董事組成的審計委員會，以強化公司內部的監控機制。審計委員會屬於董事會下設立的功能性委員會，藉由其專業與獨立的立場，協助董事會進行決策。在台灣方面，中華民國證券交易法第14條之4規定公開發行公司應擇一設置審計委員會或監察人，2006年3月28日金管會發布「公開發行公司審計委員會行使職權辦法」，2007年1月1日施行，2017年7月28日修正。為有效發揮審計委員會之功能，證券交易法第14條之4第2項亦規定，審計委員會中至少1人應具備會計或財務專長，審計委員會應與會計師及內部稽核保持互動，以強化公司治理之效果。依金管會在2013年發布的強化公司治理藍圖，預計至2019年要完成「資本額在20億元以上的公司，必須要設立審計委員會」，以取代監察人制度；金管會也公布從2020年至2022年，要逐步完成審計委員會及獨立董事的設置，以強化董事會監督的功能。

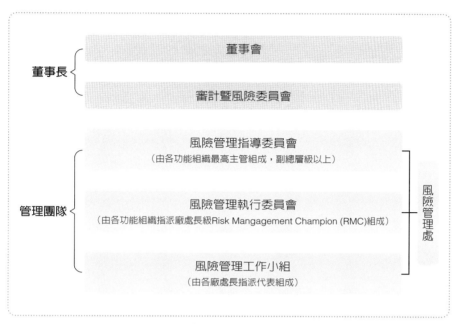

圖6-1　台積電風險管理組織圖

資料來源：台積電2023年Q3財務報告。

　　台積電及其所屬子公司承諾以積極並具成本效益的方式，整合並管理所有對營運及獲利可能造成影響之各種策略、營運、財務及危害性等潛在的風險。此外，台積電堅持企業願景及對業界與社會之長期永續責任，建置企業風險管理專案（Enterprise Risk Management），讀者可自行參閱表6-3之台積電風險管理組織功能說明。其設立之目的在為台積電所有利害關係人提供適當的風險管理，以風險矩陣（Risk MAP）評估風險事件發生的頻率及對台積電營運衝擊的嚴重度，定義風險的優先順序與風險等級，並依風險等級採取對應的風險管理策略。風險管理包括「策略風險」、「營運風險」、「財務風險」、「危害風險」，以及「氣候變遷與未遵循環保、氣候及其他國際法規協議之風險」等之管理。

表6-3　台積電風險管理組織功能說明

風險管理團隊	主要功能說明
風險管理指導委員會	由各組織最高主管組成（內部稽核最高主管為觀察員） 向董事會之審計委員會報告 督導風險控管的改進 辨識及核准各種風險之優先順序
風險管理執行委員會	由各組織指派代表組成 鑑別及評估風險 執行風險控制計畫並確認執行成效 提高風險管理透明度及改善風險控制做法
風險管理工作小組	協調風險管理執行委員會活動 促進各組織之風險管理活動 召開跨部門風險溝通會議 整合企業風險管理報告並向風險管理指導委員會報告

資料來源：台積電2023年財報。

　　台積電為降低公司供應鏈中斷的風險，由晶圓廠、資材管理、風險管理以及品質系統管理等單位組成的內部工作小組，協助供應商針對其可能造成生產服務中斷的潛在風險，訂定營運持續計畫，以提升供應鏈的風險抵禦能力，確保供應商持續營運。由於供應鏈風險管理得宜，2014年台積電未有供應鏈中斷的情況，將公司的營運風險降至最低。同年，台積電在擴張先進製程產能的同時，各項風險控制措施、地震防護及綠色生產方案亦在新廠設計階段納入規劃及執行。

　　台積電在2014年度之營業收入淨額及營業成本分別達到7,628億元及3,851億元，但是令人難以想像的是如此龐大的金額，2014當年度台積電竟然從未發生供應鏈中斷的情況。

五、天下沒有白吃的午餐──籌資的代價

　　企業在選擇不同的資金籌措管道時，所必須付出的資金成本也不相同。我們在第五章曾經提及「貨幣的時間價值」，因為資金持有者犧牲了目前能夠消費或享受的機會，將資金借給資金需求者，所以資金需求者除了償還借用的資金之外，理所當然應該多付一些錢當作資金持有者犧牲立即消費或享受機會的報酬。而該項報酬就是使用資金的機會成本。接下來，我們要介紹的是，不同的資金籌措管道，所付出的成本應該如何計算：

（一）舉債資金成本（Cost of debt capital）

　　企業或多或少都有可能會向外舉債（借款），選擇舉債（借款）資金的機會成本就是除了償還借用的資金之外，應該按照約定的利率支付利息當作給予資金提供者的報酬。

　　企業稅前舉債資金成本＝借款的利率×（1－所得稅率）

　　資金提供者要借出資金前，通常會先衡量資金需求者的信用狀況，當借款企業的信用狀況越好，借出資金的風險越低，借款的利率也越低；反之，當借款企業的信用狀況越差，借出資金的風險越高，借款的利率也越高。

（二）普通股資金成本（Cost of common equity capital）

　　股東權益資金成包含股本、資本公積及保留盈餘等。股東之所以願意投資這家企業，通常是因為看好該企業未來所能創造的價值，當企業產生盈餘發放給股東的股息即為該企業的資金成本。普通股股東因為承擔這家企業的風險，所得到的報酬就是普通股資金成本。

1. 股息成長模型：該模型適用於定期發放現金股息的企業，其普通股資金成本如下：

   普通股資金成本Ke＝下一期的現金股息D／企業的股價p＋穩定的現金股息成長率g

2. 資本資產訂價模型（Capital Assets Pricing Mode, CAPM）：此模型適用於不定期或是不常發放現金股息的企業，該模型假定投資人可作完全多角化的投資來分散可分散的風險（投資項目特有的風險），只有無法分散的風險，才是投資人所關心的風險，因此也只有這些風險，可以獲得風險補償。基本公式表達如下：

   普通股資金成本Ke＝無風險報酬率（Risk-free rate）Rf ＋（Rm－Rf）×普通股的系統風險β

   Rf：無風險利率（Risk-free rate of return）

   Rm：股價指數報酬率（Risk-free rate of return）

   β：普通股的系統風險

   （Rm－Rf）×β：風險溢酬

（三）加權平均資金成本（**Weighted Average Cost of Capital, WACC**）

加權平均資金成本正如同字面上的意思，它是結合公司的股東權益成本與其所有舉債所發生的成本。這個方法也是眾所周知的折現率或資本化率的估算方法。評價業界在面臨評估企業整體價值的評價案件時，例如企業收購案件，就必須先瞭解該企業的資本結構，可能是由普通股股權、特別股股權及長期負債所組成，或是其他不同的組合。換句話說，加權平均資金成本僅適用於評估企業整體的資金成本。

　　本書特別假設，企業的資本結構比較單純，只有普通股股權及長期負債，因此我們列示的加權平均資金成本的基本公式表達如下：

WACC＝（Ke×We）＋〔Kd（1－t）×Wd〕

WACC：加權平均資金成本（Weighted Average Cost of Capital）

Ke：普通股資金成本（Cost of common equity capital）

We：普通股占總資本結構的百分比（Percentage of common equity in the capital structure

Kd：企業稅前舉債資金成本（Cost of debt capital (pre-tax) for the company）

t：企業所得稅率（Effective income tax rate for the company）

Wd：舉債占總資本結構的百分比（Percentage of debt in the capital structure）

表6-4　加權平均資金成本基本假設資料

組成項目	資料說明	數值
Ke	普通股資金成本	22%
We	普通股占總資本結構的百分比	70%
Kd	企業稅前舉債資金成本	5%
Wd	舉債占總資本結構的百分比	30%
t	企業所得稅率	40%

　　接下來，我們將表6-4的數值，再套入加權平均資金成本的基本公式WACC＝（Ke×We）＋〔Kd（1－t）×Wd〕之後，就可以估算出該企業資金合理的報酬率了。如同下列的式子所示：

$$WACC = (22\% \times 70\%) + [5\% (1-40\%) \times 30\%]$$
$$= (0.22 \times 0.7) + [0.05 (0.6) \times 0.3]$$
$$= (0.154) + (0.03 \times 0.3)$$
$$= 0.163$$
$$= 16.3\%$$

　　在選擇不同的資金籌措管道時，企業所必須付出的資金成本也有所不同。有些人認為負債比率提高，會增加公司的風險，利息費用會上升，也會降低公司的盈餘，因而對公司的股價會產生負面的影響；另外有些人認為公司的負債比率提高，雖然利息費用會上升，但是利息費用可以抵稅，所以負債越高可以抵的稅額也越多。

　　上述的看法究竟是對是錯，眾說紛紜、莫衷一是。本書第十一章將進一步探討資本結構與公司決策，相信對財務人員來說，應該能提供較為具體、明確的方向與抉擇。

營運資金與
流動資產管理

應用情境 12

　　雖然寰宇公司還不是一家公開發行公司，但是在好學不倦的董事長帶動之下，所謂「上行下效、風行草偃」，辦公室裡經常會聽到員工談論到有關財務管理相關的話題，儼然形成了公司的文化。某天，員工們正在討論著日前公司對外公告的自結合併財務報表中之高流動資產、短期借款、應付短期票券及1年內到期之長期負債等財務資訊：

1. 公告本公司20××年1月分自結合併財務報表中之高流動資產、短期借款應付短期票券及1年內到期之長期負債等財務資訊。

2. 事實發生日：20××年4月23日。

3. 發生緣由：依據臺灣證券交易所臺證上一字第○○○○號函辦理。

4. 財務資訊年度月分：20××年1月。

5. 現金及約當現金（單位：千元）：16,822。

6. 透過損益按公允價值衡量之金融資產－流動（單位：千元）：9,644。

7. 透過其他綜合損益按公允價值衡量之金融資產－流動（單位：千元）：0。

8. 非流動資產中屬上市櫃有價證券者（含未實現評價金額）。

9. 短期借款（單位：千元）：28,783。

10. 應付短期票券（單位：千元）：0。

11. 一年內到期之長期負債（單位：千元）：0。

11. 其他會計項目及金額（單位：千元）：0。

12. 因應措施:本公司財務及營運狀況一切正常。

13. 其他應敘明事項：無。

▶ 資材部門小燕接著問說：「公司現金及約當現金竟然高達新臺幣16,822千元！這……會不會太多了呢？怎麼不存放在銀行賺取利息呢？還有公司的短期借款為新臺幣28,783千元，這究竟是怎麼決定的呢？」

▶ 財務部門小張說：「在這個微利的時代把錢存在銀行，哪能賺到多少利息呢？」

▶ 財務部門小陳說：「嗯，短期借款金額多寡這種高難度的問題好像只有財務長才會知道，恐怕連小張也不太瞭解吧？」小張笑而不答。

一、營運資金

　　一般來說，財務管理上常將因應短期內需求的資金稱為營運資金（Working Capital），也就是供企業在短期內運用的週轉金；相對來說，長期資金的需求稱之為資本（Capital），請參考表7-1。因此，財務管理的基本原則是，企業在短期內必須對日常營運資金加以控制，當內部資金不足時，為了使企業能順利營運，就必須倚賴短期融資才能避免發生週轉不靈的窘境。另一方面，長期資金是為

因應企業能的長期投資，例如擴充廠房、生產線或是購買機器、設備等資產，應使用長期借款或發行公司債、股票等方式募集資金，才能夠符合需求。

表7-1　資金供給與需求

	短期資金供給	長期資金供給
短期資金需求	適當	以長支短
長期資金需求	以短支長	適當

　　實務上，一般公司通常會採取以下三種營運資金管理政策：

㈠ 緊縮政策：較積極的管理方式，以短期資金因應資金的需求，可以降低資金的成本；不過，僅適合業績穩定的企業，否則當金融機構緊縮信用額度、放款緊縮或公司業績下滑時，即易發生週轉不靈的現象。

㈡ 寬鬆政策：較保守的管理方式，公司平時持有的資金超過日常的資金需求，不必擔心資金的不足，閒置的資金則用來從事短期的投資，比較適合現金流量較高的企業。

㈢ 適中政策：介於上述兩種管理方式之間，即公司將平時剩餘的資金用來從事短期的投資，當出現資金不足的現象，即採用短期融資，當資金缺口達某一既定的程度時，再採取長期融資。

　　接下來，我們以寰宇公司為例來說明淨營運資金的來源與去向。假設寰宇2021年的保留盈餘為新臺幣20（百萬元），其簡略之資產負債表如表7-2：

表7-2　寰宇公司資產負債表　　　　　　　　　　　單位：新臺幣百萬元

資產			負債及權益		
	2021年	2022年		2021年	2022年
現金	40	40	應付帳款	20	50
應收帳款	100	130	應付帳款	40	50
存貨	60	80	應付稅金	80	60
流動資產合計	200	250	流動負債合計	140	160
不動產、廠房及設備	500	550	銀行借款	260	320
			股東權益	300	320
資產總計	700	800	負債及權益合計	700	800

　　我們從上表可以算出寰宇公司的淨營運資金如下：

　　2021年：流動資產－流動負債＝200－140＝60（百萬元）

　　2022年：流動資產－流動負債＝250－160＝90（百萬元）

　　寰宇公司的淨營運資金從2021年的新臺幣60（百萬元）增加到2022年的新臺幣90（百萬元），總共增加了新臺幣30（百萬元），表示該公司再投入新臺幣30（百萬元）做為營運資金，而資金的來源與去向列示如下：

資金來源： 保留盈餘	20	
銀行借款	60	短期或長期融資
資金去向：不動產、廠房及設備增加	（50）	長期資本支出
淨營運資金	30	

　　以資產負債表來說，所謂淨營運資金就是流動資產減掉流動負債，當淨營運資金的需求增加時，企業就必須考慮以內部融資、外部融資、間接融資、直接融資或是賣出變現性較高的流動資產來因應資金的需求。

二、營業循環

　　所謂營業循環的定義以製造業為例，大致可以從訂購原物料、取得原物料付款給供應商、加工製造、完工、銷售、出貨產生應收帳款到實際收到現金等一連串過程。因為產業的差異或是每家公司作業時間的差距，可能會導致實際收到現金的時間往往要比支付貨款的時間還來得晚，所以必須準備多餘的現金或營運資金來因應資金的缺口。

　　　營業循環週期＝存貨轉換期間＋應收帳款收款期間
　　　　　　　　　＝應付帳款付款期間＋現金轉換循環

㈠ 存貨轉換期間：將原物料加工或製造成產品，並出售送交至客戶的平均時間。存貨轉換期間通常以存貨週轉天數來計算。

　　存貨週轉天數＝365／存貨週轉率（存貨週轉率＝營業成本／平均存貨）

㈡ 應收帳款收款期間：從出售商品或提供勞務至收回現金的平均時間。應收帳款收款期間通常以應收帳款收現天數來計算。

　　應收帳款收現天數＝365／應收帳款週轉率（應收帳款週轉率＝淨營業收入／平均應收帳款）

㈢ 應付帳款付款期間：從取得原物料、商品或勞務至付款給供應商的平均時間。應付帳款付款期間通常以應付帳款付款天數來計算。

　　應付帳款付款天數＝365／應付帳款週轉率（應付帳款週轉率＝淨營

業收入／平均應付帳款）

㈣ 現金轉換循環：從實際支付現金到收回現金的平均時間。

現金轉換循環＝營業循環週期－應付帳款付款期間

或是＝（存貨轉換期間＋應收帳款收款期間）－應付帳款付款期間

因此，企業之現金轉換循環的時間越短，表示其資金週轉的壓力越小。亦即將存貨週轉天數及應收帳款收現天數縮短，並且將應付帳款付款天數適當地延長，請參考表7-3。

表7-3　企業如何縮短現金轉換循環

做法	口訣
縮短存貨週轉天數	存貨要快快賣
縮短應收帳款收現天數	應收帳款要快快收
延長應付帳款付款天數	應付帳款要慢慢付

三、短期融資

> ### 應用情境 13
>
> 　　某日，採購部門有幾位員工正在討論有關現金折扣的話題：
>
> ▶ 採購部門小劉談到說：「供應商A在訂單上註明2/10，n60，表示只要在10天內付清款項，就可以享有訂單金額2%的現金折扣。到底該怎麼計算呢？可能要請教財務部門該不該提前付款？」
>
> ▶ 採購部門小連回答說：「可是這筆訂單的金額高達新臺幣80萬元，如果為了享受2%的現金折扣（即新臺幣16,000元）而提前在10天內付款，這聽起來好像不太划算喔！」
>
> 　　面臨這一連串的問題時，如果您是財務長的話，請問您會如何回答呢？

　　一般企業採取短期融資通常是因應短期內營運資金的需求，例如，可以向經常往來的銀行在某一信用額度的範圍內借入資金，或是透過循環性承諾貸款借入某一額度內的資金，也就是供企業在短期內運用的週轉金。其優點是速度快、彈性大且資金成本較低，但若過度使用則可能會造成償債力不良。

　　實務上，公司通常會採取以下幾種短期融資的方式：

㈠ 應付帳款或應付票據融通：這並不是指企業可以透過流動負債來進行短期融資，而是指應付帳款或應付票據係因為採購原物料或貨品所產生的，賣方允許買方在商品出售或勞務提供後一段時間後才付

款，而且不需要支付額外的利息，如果公司可以延長應付帳款付款期間，就能夠降低資金融通的成本。

(二) 應收帳款的現金折扣：一般企業為了鼓勵客戶提早付款，通常會在商品出售或勞務提供時給予客戶「現金折扣」。例如，供應商在訂單上註明「2/10，n 60」，表示只要在10天內付款，即可享有2%的現金折扣，而最後付款期限是發票日後的60天。如果放棄了此現金折扣，便產生了另外一種稱為交易信用成本的機會成本。通常賣方提供現金折扣的目的是為了降低呆帳發生的機率，而買方則可以把握機會提早付款，以享有高於資金成本的現金折扣年利率。本例現金折扣年利率（假設一年是以365天計算）計算如下：

年利率＝折扣率／（1－折扣率）×365／（交易信用天數－折扣天數）

年利率＝2%／（1－2%）×365／（60－10）＝14.89%

(三) 短期銀行貸款：因為既能滿足資金的需求，調度也比較靈活，因此也是一般企業最常使用的融資方式。實務上，大型企業通常享有高額度、低利率的貸款條件；而中小型企業則必須提供動產或不動產作為擔保。

(四) 商業本票（Commercial Paper, CP）：是由企業發行、到期日1年以內的票券。依照付款或融資的目的可再分為「交易性商業本票（CP1）」及「融資性商業本票（CP2）」[1]兩種。

(五) 流動資產質押貸款：實務上，企業通常以固定資產作為抵押，向金

1　交易性商業本票（CP1）與融資性商業本票（CP2），前者系因實際交易行為所產生之交易票據，而融資性商業本票系依法登記之公司組織與政府事業機構為籌集資金所發行之票據，一般企業發行融資性商業本票多經金融機構保證，惟下列幾種情況之本票可不經金融機構保證：(1)股票上市公司，財務結構健全，並取得銀行授予信用額度之承諾所發行之本票；(2)政府事業機構所發行之本票；(3)股份有限公司組織、財務結構健全之證券金融事業所發行之本票；(4)公開發行公司，財務結構健全，並取得銀行授予信用額度之承諾。

融機構取得長期貸款。少數金融機構會接受企業以流動資產（存貨或應收帳款）申報短期貸款，但是因爲流動資產容易搬遷，通常放款銀行爲保障債權，放款的意願不高。

四、現金管理

現金對企業來說，可比是汽車的機油及潤滑劑一樣，汽車沒有它們，也許不會立即拋錨，卻會走得提心吊膽。企業也是一樣，沒有足夠的現金，短時間也許可以勉爲其難地度過，但是卻無法長治久安。但是，因爲企業手上的現金是一種無法產生附加利潤的資產，持有越多的現金便是負擔越高的機會成本，也等同減少了投資的資本利得。

接下來，我們舉例來說明現金預算應該如何調整。假設寰宇公司2018年的年初手上的現金餘額爲新臺幣800（千元），該公司預估其1至6月分的現金收支資料如下表：

表7-4　現金預算調整　　　　　　　　　　　　　　　單位：新臺幣千元

	1月	2月	3月	4月	5月	6月
	收入					
現金銷貨	500	600	420	380	480	700
應收帳款收回	6,200	4,800	9,000	5,700	4,500	9,000
利息收入	40	40	40	40	40	40
預收款	60	40	80	80	50	20
合計	6,800	5,480	9,540	6,200	5,070	9,760

（接下頁）

	1月	2月	3月	4月	5月	6月
支出						
現金進貨	(600)	(700)	(650)	(400)	(530)	(600)
支付到期應付帳款	(1,600)	(2,300)	(2,000)	(1,400)	(1,800)	(1,600)
支付到期應付票據	(4,500)	(3,300)	(3,200)	(3,900)	(4,000)	(3,600)
薪資費用	(900)	(500)	(500)	(500)	(500)	(500)
利息費用	(100)	(100)	(100)	(100)	(100)	(100)
合計	(7,700)	(6,900)	(6,450)	(6,300)	(6,930)	(6,400)
期末餘額	(900)	(1,420)	3,090	(100)	(1,860)	3,360
累計餘額	(100)	(1,520)	1,570	1,470	(390)	2,970

從表7-4可以發現該公司的應收帳款金額在3和6月分比較高，但是在1、2和5月分出現資金不足的現象（資金缺口分別為新臺幣100千元、新臺幣1,520千元及新臺幣390千元），因此，如果沒有補足缺口的話，例如以信用額度借入

資金，或是透過循環性承諾貸款來因應，否則該公司終將發生週轉不靈的現象。

企業究竟要持有多少現金才算是足夠或適當呢？這個問題對財務管理者來說，真可謂是一門科學加藝術的大學問啊！財務人員通常會借助現金預算來估計各個期間的現金收支情形，再考量個別企業的季節性變化。

但是實務上，大多數企業的現金流量並非都具有一定的軌跡可尋，所以財務管理者必須注意到下列幾項原則來調整現金預算：

㈠ 銷售收款作業控制：所有銷售收入的現金收入交由出納負責並立即填寫收款證明、直接透過銀行匯款或郵政劃撥，如果客戶開立支票

　　付款，則要求在票據上記載禁止背書轉讓字樣，以禁止票據權利的轉讓，並交由出納立即存入支票存款帳戶。

㈡出納與會計分開作業：依據內部控制制度[2]處理準則之職責分工控制，要求根據企業目標和職能任務，按照科學、精簡、高效的原則，合理設置職能部門和工作崗位，明確各部門、各崗位的職責許可權，形成各司其職、各負其責、便於考核、相互制約的工作機制。出納負責現金的收支（管錢）、會計負責交易的記錄（管帳），若兩項工作都委派同一個員工擔任，易發生監守自盜的情況。

㈢零售收入控制：買賣業或零售業所的現金交易頻繁，應以收銀機記錄交易金額及數量，金額較高應該僱用保全公司負責入存入銀行。

2　內部控制，是指由企業董事會（或者由企業章程規定的經理、廠長辦公會等類似的決策、治理機構，以下簡稱董事會）、管理層和全體員工共同實施，旨在合理保證實現企業基本目標的一系列控制活動。內部控制的作用指內部控制的固有功能在實際工作中對企業的生產經營活動及外部社會經濟活動所產生的影響和效果。在社會化大生產中，內部控制作為企業生產經營活動的自我調節和自我制約的內在機制，處於企業中樞神經系統的重要位置。企業規模越大、其重要性越顯著。可以說，內部控制的健全、實施與否，是單位經營成敗的關鍵。因此，正確的認識內部控制的作用，對於加強企業經營管理，維護財產安全，提高經濟效益，具有十分重要的現實意義。內部控制的一般方法通常包括職責分工控制、授權控制、審核批准控制、預算控制、財產保護控制、會計系統控制、內部報告控制、經濟活動分析控制、績效考評控制、信息技術控制等。

應用情境 14

　　讀者還記得寰宇公司會計師在財務報表查核過程中，所發現的相關疑問之一：「寰宇公司與同產業公司相比，關係人交易的金額過於鉅大嗎？（同產業公司約新臺幣400萬元；寰宇公司約新臺幣2,000萬元）」現在麻煩來了，以下是寰宇公司於2021年1月1日在公開資訊觀測站上所發布的重大訊息主要內容：

1. 關係人或主要債務人或其連帶保證人名稱：宇宙科技股份有限公司（簡稱宇宙）。
2. 事實發生日：2021年1月1日。
3. 發生緣由：宇宙退票紀錄，支付予星空商業銀行台中分行支票（到期日：2020年12月31日）金額新臺幣500萬元。
4. 債權種類或背書保證金額及其所占資產比例：截至2020年12月31日止，本公司對宇宙之其他應收款總金額為新臺幣24,080,260元，占本公司2020年度第3季財務報表資產總額之3.01%。
5. 債權有無保全措施：該筆其他應收款由宇宙負責人宇宙無敵先生共同連帶保證。
6. 預計可能損失：該筆其他應收款實際損失情事將依法求償。
7. 因應措施：本公司將持續密切注意宇宙之營運變化，視實際情形依相關法律程序維護本公司之權益。

8. 其他應敘明事項：宇宙為本公司採權益法評價之轉投資公司，後續將依國際會計公報準則規定，評估應認列之損益。

▶ 在台灣大多數的金融弊案都可以見到關係人交易，但有關係人交易真的就是舞弊嗎？

▶ 為抑制關係人可能為了自身利益，採用未經過正常的交易條件或未反映市場公平價格等方式違規交易，甚至是掏空公司，應該如何因應呢？

五、應收帳款管理

　　當企業以賒銷的方式出售產品或提供勞務，並無法立即收回現金，表示售貨者或勞務提供者將會產生應收帳款或應收票據，如果能夠儘速收回現金，對企業的營運當然會有所助益。

　　實務上，公司通常會採取以下幾種方式來管理應收帳款：

㈠ 應收帳款帳齡分析：依據應收帳款發生的時間來分類管理，意即將應收帳款到期的時間依不同客戶別分成30天、60天、90天、180天及360天到期來管理，可藉以掌握客戶的信用狀況成本。

㈡ 應收帳款到期前出售[3]：如果企業應收帳款的金額太高無法立即收回

3　應收帳款的成本有：(1)機會成本：企業賒銷意味著企業不能及時回收貨款，本可用於其他投資並獲得收益，便產生了機會成本；(2)管理費用：客戶信譽調查費、帳戶紀錄和保管費用、催收費用、收帳費用、收集信息等其他費用構成了管理費用；(3)壞帳成本：隨規模而成正比例增長的壞帳損失，成為最大風險。

現金，表示可能會有資金缺口，可以在應收帳款到期之前將其出售給金融機構，以便提前取得現金。

㈢ 授信政策：針對賒銷的客戶所擬定的賒銷額度管理方式。授信政策太過嚴格，將限縮客源影響營業收入；反之，授信政策太過寬鬆，雖然可以提高業績增加營業收入，但是如果客戶信用不好，公司將產生太多的呆帳，不僅降低獲利，更有可能引爆企業的資金危機。

六、存貨管理

應用情境 15

▶ 管理部門小謝問說：「我曾經在企業管理的書上看過『製造業常會採用MRP存貨管理方法』，但是我們公司並非製造業，為什麼也採用MRP來管理存貨呢？聽說還有ABC或是JIT等不同的存貨管理方法，不知道哪一種比較好呢？」

▶ 資材部門小金回答說：「因為MRP主要是根據市場需求預測和顧客訂單制定產品的生產計畫，也許它也同樣適用於貿易公司吧？」

　　二位同仁所言，究竟誰對誰錯呢？

　　無論是中小企業、買賣業或大型製造業，存貨管理政策與企業的經營管理密不可分。大致上，存貨可以分為原物料、在製品和製成品三大類別，企業如果堆積太多的存貨，除非運氣好能夠接到急

單或是市場上突然出現大缺貨等可遇不可求的情況，否則，除了要面臨資金成本增加及存貨跌價損失[4]等風險之外，還需要耗費人力和時間去安排額外的存放空間及盤點人力；反過來說，如果存貨不足的話，可能造成生產線斷料、停工、無法如期交貨，嚴重的話，甚至導致客戶另覓新的貨源，而漸漸地失去了競爭力。

舉例來說，台灣一家位於新竹的上櫃公司亞○電材，2019年第1季稅後淨利比去年減少了89.6%，主要受到全球智慧型手機銷售不佳及美系客戶調節庫存要求延後出貨的拖累（中美貿易戰隱憂），使得產能無法依原定計畫充分利用，整體的毛利率較去年同期減少了6.92%，該公司同時也提列了存貨跌價損失，影響獲利表現。可見企業堆積太多的存貨，當銷售狀況不佳或是其他客戶端因素的話，將嚴重影響到營運的彈性與競爭力。

一般來說，無論是中小企業、買賣業或大型製造業，存貨相關的成本大致上包含訂購成本與持有成本：

㈠ 訂購成本：進貨前的成本包括下訂單、比價、議價、文書資料處理、運輸及驗收等人力成本。

㈡ 持有成本：進貨之後的成本則包括倉儲、盤點、搬運、保險及管理等成本。

企業為了將存貨相關的成本降至最低，通常會降低存貨數量，因為存貨數量減少，訂購成本會跟著下降；反過來說，持有成本則會隨著存貨數量的增加而上升。將上述兩項成本相加即為存貨的總成本，而總成本最低的存貨數量就是常說的經濟訂購數量（Economic Order Quantity, EOQ）。

一般實務上常見的存貨管理方法有以下幾種：

4　存貨跌價損失是指提列存貨跌價準備的企業由於存貨遭受毀壞、全部或部分陳舊過時或銷售價格低於成本等原因，使存貨成本不可收回而產生的損失。

㈠ ABC法：依據存貨的價格高低來分類，一般來說，價格最高的存貨列為A類，管理上最為嚴格，然後再依序分為B類（溫和控管）與C類（鬆弛控管），此法適用於存貨單價較的高科技產業，意即把存貨管理的成本儘可能聚焦並耗用在高價值的存貨上。

㈡ JIT法（Just In Time, JIT）：依據字面上的意思是「及時的」，即將存貨維持在最低水平，減少存貨相關的成本。但是，此方法必須與供應商密切配合，否則如果時間抓得太緊，卻發現收到的存貨有瑕疵的話，可能會造成生產線斷料、停工。再者，如果企業能夠將此方法與全面品質管理5（Total Quality Management, TQM）一起實施的話，將可縮短時間、降低人力與成本，進而提升整體的效率及獲利能力。

㈢ 電腦庫存控制：電腦庫存管理系統通常具有自動化記錄的功能，當存貨（訂購）入庫或是出庫（領出）時，電腦立即記錄並調整庫存數據，並在庫存數量降至訂購點時，自動下訂單給供應商。

　　實務上，製造業採用的物資需求計畫（Material Requirements Planning, MRP）6或買賣業及零售業常用的銷售時點信息系統

5　全面品質管理是一種針對所有組織過程中深入品質意識的管理策略。該理論的核心為把管理完全交給品質控制工程師和技術人員，通過品質檢驗與統計方法，從而降低企業生產成本。但由於該方式的管理具有局限性，即公司管理不能只靠工程師和技術人員，因此該管理方式逐漸被視為企業管理的一個分支，而非整體的方法論。

6　MRP是由美國庫存協會在60年代初提出的。之前，企業的資庫存計畫通常採用定貨點法，當庫存水平低於定貨點時，就開始定貨。這種管理辦法在物資消耗量平穩的情況下適用，不適用於訂單生產。由於電腦技術的發展，有可能將物資分為相關需求（非獨立需求）和獨立需求來進行管理。相關需求根據物料清單、庫存情況和生產計畫制定出物資的相關需求時間表，按所需物資提前採購，這樣就可以大大降低庫存。物資需求計畫是指根據產品結構各層次物品的從屬和數量關係，以每個物品為計畫對象，以完工時期為時間基準倒排計畫，按提前期長短區別各個物品下達計畫時間的先後順序，是一種工業製造企業內物資計畫管理模式。MRP是根據市場需求預測和顧客訂單制定產品的生產計畫，然後基於產品生成進度計畫，組成產品的材料結構表和庫存狀況，通過電腦計算所需物資的需求量和需求時間，從而確定材料的加工進度和訂貨日程的一種實用技術。

（Point of Sales, POS）[7]來結帳，並自動統計、變更商品銷售與存貨數量，在庫存數量降至訂購點時，物流業者自動在短時間內將需要的貨品送達各個銷售據點。

　　19世紀美國著名的歷史學家、外交官，喬治·班克羅夫特（George Bancroft, 1800-1891）曾經說過這樣的一句話：「商業交易必須對抗每一陣風、征服每一場風雪，並跨入每一個地域。」置身在瞬息萬變的商業競技場，遭遇到競爭對手的削價競爭在所難免；即使產品賣到缺貨都無法保證所有的應收帳款都能夠悉數收回現金；有時可能還會受到國際局勢轉變（例如美中貿易大戰美系客戶調節庫存、要求延後出貨）的拖累等，若企業平日缺乏穩健的營運資金、流動資產管理策略、良好的銀行關係及靈活的應變能力的話，一旦碰到產品銷售不佳、資金短缺、週轉不靈的，可能就難逃清算或倒閉的命運了。

7　POS系統即銷售時點信息系統，是指通過自動讀取設備（如收銀機）在銷售商品時直接讀取商品銷售信息（如商品名、單價、銷售數量、銷售時間、銷售店鋪、購買顧客等），並通過通訊網路和電腦系統傳送至有關部門進行分析加工以提高經營效率的系統。POS系統最早應用於零售業，以後逐漸擴展至其他如金融、旅館等服務行業，利用POS系統的範圍也從企業內部擴展到整個供應鏈。

八

中、長期融資與
財務規劃

應用情境 15

　　某天，櫃買中心[1]主管來訪，除了宣導櫃買中心具有上櫃及興櫃多層次的市場架構，可以為不同營運規模的企業提供發展舞臺，並透過資本市場的協助，企業可以取得營運所需之資金、引進優秀人才、強化內部控制制度及擴展營運規模等益處之外，也對寰宇公司自創立以來的營收、管理、營運及發展計畫等各方面穩定成長的表現讚不絕口，於是向董事長提出了是否有意進入資本市場公開發行的建議。櫃買中心也準備了下列資料供寰宇公司參考：

輔導交易期限		須於興櫃股票市場交易滿6個月（註1），且主辦推薦證券商於發行人申請上櫃前應至少申報2個月份發行人之詳式檢查表予櫃買中心。
設立年限 （註2）		設立登記滿2個完整會計年度。
公司規模		實收資本額新臺幣5,000萬元以上，且募集發行普通股股數達500萬股以上。
財務要求 （符合右列標準之一） （註2）	「獲利能力」標準	最近1個會計年度「稅前淨利（註3）」不得低於新臺幣400萬元，且占股本中之比率符合下列標準之一： ⑴最近1年度達4%，且無累積虧損。 ⑵最近2年度均達3%；或平均達3%，且最近1年度較前1年度為佳。

1　財團法人中華民國證券櫃檯買賣中心（Taipei Exchange, TPEx）簡稱「櫃買中心」或「櫃買」，為承辦台灣證券櫃檯買賣（OTC）業務的公益性財團法人組織，有「台灣的NASDAQ」之稱。目前上櫃公司約有808檔，興櫃公司約有323檔，創櫃公司約有225檔。

財務要求（符合右列標準之一）（註2）	「淨值、營業收入及營業活動現金流量」標準	同時符合下列條件： (1) 最近期淨值達（註3）新臺幣6億元以上且不低於股本2/3。 (2) 最近一個會計年度來自主要業務之營業收入達新臺幣20億元以上，且較前一個會計年度成長。 (3) 最近一個會計年度營業活動現金流量為淨流入。
推薦證券商		經2家以上證券商書面推薦，應指定1家為主辦，餘係協辦。
集中保管		董事及持股超過10%大股東應將上櫃掛牌時全部持股，全數提交保管。前述股票於上櫃滿6個月後，得領回【應集保部位】之1/2；上櫃滿1年後，即得將剩餘之集保部位全數領回（科技事業及財務要求採「淨值、營業收入及營業活動現金流量」標準者另有規定）。
股權分散		公司內部人及該等內部人持股逾50%之法人以外之記名股東人數不少於300人，且其所持股份總額合計占發行股份總額20%以上或逾1,000萬股（應於上櫃掛牌前完成）。
功能性委員會		應設置薪資報酬委員會及審計委員會。
股票形式		募集發行、私募之股票及債券，皆應為全面無實體發行。
公司章程		應於公司章程將電子方式列為股東表決權行使管道之一，且應載明董事選舉採候選人提名制度。
其他		需購買董事責任保險。

註1：應登錄興櫃一般板交易滿6個月以上，但發行人屬登錄戰略新板轉至一般板者，其登錄一般板及戰略新板期間合計須滿6個月以上，且登錄一般板期間須滿2個月以上。

註2：科技事業及文化創意事業不受此限，但科技事業最近期淨值不低於股本2/3。

註3：指歸屬母公司業主之金額。

註4：詳細條件請詳「財團法人中華民國證券櫃檯買賣中心證券商營業處所買賣有價證券審查準則」。

資料來源：證券櫃檯買賣中心官網。

　　櫃買中心主管離開之後，董事長立即召集總經理、副總經理、財務長及高階主管一起商討公司規劃上櫃及財務相關的議題，以下是當天的討論方案：

▶ 公司可否重複運用票據融通或短期信用額度借款的方式來因應公司中、長期資金的需求呢？是否會考慮將公司持有的台積電股票運用「有價證券質押借款」的方式來募集營運資金呢？

▶ 公司如果考慮多元化經營或是從事長期投資，應該採用中、長期借款，還是公開發行股票來募集資金比較有利呢？

▶ 公司如果規劃上櫃，除了實收資本額至少必須再增加新臺幣2,000萬元及設置薪資報酬委員會之外，還有哪些問題需要解決呢？

　　在面臨這幾個中、長期融資的問題時，如果您是財務長的話應該會如何選擇呢？還是會考慮同時採用呢？

一、中、長期融資

　　我們在前面一個章節介紹過，一般企業通常採取短期融資以因應短期內營運資金的需求，例如，可以向經常往來的銀行在某一信用額度的範圍內借入資金，財務管理上常將因應短期內需求的資金稱為營運資金（Working Capital），也就是供企業在短期內運用的週轉金；相對來說，中、長期間資金的需求就稱之為資本（Capital）。一般而言，原始約定之還款期限為一年以下者，稱為短期融資；一年以上者，為中、長期融資。

　　實務上，公司通常會採取以下幾種中、長期融資的方式：

（一）循環性承諾貸款
　　銀行通常會承諾在某一段時間內讓客戶借入某一額度範圍內的資金，但是企業必須簽發本票且定期還款之後，銀行才會再借款給客戶，其目的就是要測試客戶的償債能力。另一方面，當企業承作循環性承諾貸款後，企業若在約定的時間內未借足承諾額度範圍內的金額時，銀行可能會對不足的額度部分加計手續費。例如，某企業承作循環性承諾貸款額度為新臺幣100萬元，但在約定的到期日時，該企業只借了新臺幣80萬元，銀行則會針對不足的20萬元部分加計手續費。

（二）中、長期借款
　　銀行提供資金給企業從事營運或長期投資使用，一般銀行除了會先與借款客戶商議借款額度、用途、撥款方式及償債方式之外，會要求客戶以不動產（土地、廠房或房屋等）作為抵押，以確保債權，也是一般所熟知的抵押貸款。

借款人　　　　　　不動產作爲抵押→抵押貸款

　　　　　　　　　無抵押品→信用貸款

1. 貸款利率：傳統中、長期融資貸款利率是以固定利率計算，但是近期也出現以貸款浮動利率計算的方式。一般來說，利率是6個月到1年調整一次。

2. 聯合貸款：如果中、長期融資貸款金額過於龐大，爲了降低風險，銀行大多會組成銀行團以聯合貸款的方式進行放款，即由一至兩家主導銀行負責放款業務，與其他銀行依照約定的比例共同出資，通常跨國企業的貸款多採取此種方式進行。

（三）資產證券化

　　企業會將內部流動性較低的資產彙集成爲一個組合之後，並將此類的組合規劃爲一般標準的證券單位，在資本市場販售，而證券持有人當然就擁有資產的求償權力。一般來說，用來證券化的資產可分爲下列兩種：

1. 不動產證券化：不動產證券化的商品可以分爲「不動產資產信託」（Real Estate Asset Trust, REAT）與「不動產投資信託」（Real Estate Investment Trust, REIT）兩種。REAT是固定收益型商品，信託的不動產必須具備穩定的現金流入，且商品化的過程必須經過嚴謹的查核，以確保債權人的權益；而REIT則屬於股權型態的商品，投資人每年除了可以獲得不動產所產生的投資利益之外（股權型態的股利），當股權價格上漲還可以獲得資本利得。

　　爲了解決上述問題歐美出現了「抵押擔保債券」，即銀行以不動產的抵押權作爲擔保，將債券賣給一般投資人之後，銀行取得現金，而投資人債券利息收入。但是，「抵押擔保債券」銀行

仍需承擔債務人提前清償的問題，因而出現了「轉付抵押擔保債券」，即銀行將債務人的利息或本金透過信託人全部交給債券投資人，直接將違約的風險轉移給債券投資人。美國在1970年末期，為了穩定「轉付抵押擔保債券」的發展，使投資人不必承受違約風險（如果有提前清償的本金仍交給投資人），由政府出面接收特定之不動產抵押權，保證此類型債券的利息及本金支付。

2. 金融資產證券化：在國外「住宅抵押貸款證券化」可說是金融資產證券化的開山始祖，而此類的融資案件也最為常見。台灣為了發展國民經濟，也在2002年通過了「金融資產證券化[2]條例」。

（四）企業與銀行往來

過去銀行的放款業務多以經理人的經驗判斷，但是在電腦科技高度發展的現在，大多數銀行都已經改用數據資料來衡量客戶的信用狀況，特別是在國際財務報告準則（IFRS）[3]實施之後，銀行更是積極的改善信用風險的數據衡量模式。銀行在放款之前，通常會根據客戶品質的狀況來確認授信及放款的額度，其評估的重點及標準大致上可以歸類為下列五大項目（授信5P）：

2　金融資產證券化是指銀行等金融機構或一般企業透過特殊目的機構（可分為公司型態或信託型態）之創設及其隔離風險之功能，從其持有之各種資產如住宅貸款、信用卡應收帳款等，篩選出未來產生現金流量、信用品質易於預測、具有標準特性（例如類似的期限、利率、債務人屬性等）之資產作為基礎或擔保，經由信用增強及信用評等機制之搭配，將該等資產重新組群包裝成為單位化、小額化之證券型式，向投資人銷售之過程。讀者可以自行參閱下列之網站：https://law.moj.gov.tw/LawClass/LawAll.aspx?pcode=G0380122。

3　國際財務報告準則是一系列以原則性為基礎的準則，它只規定了寬泛的規則而不是約束到具體的業務處理。到2002年為止，大量的國際會計準則提供了多種可選的處理方法；國際會計準則委員會的改進方案是儘量找到並減少同一業務的可選處理方案。

1. 企業主的個性與能力（**People**）：銀行會對於企業主的眼光、責任感、經營能力及過去和銀行往來的信用紀錄來評估放款條件與額度。

2. 貸款的目的（**Purpose**）：銀行會針對企業是否將貸款用於購買存貨、機器、設備等資產來決定放款條件。例如企業若是為了償債或是從事投機活動，銀行放款的意願就會降低。

3. 償還債務的方式（**Payment**）：一般來說，銀行比較偏好企業以應收帳款或營運的盈餘來償還債務。

4. 借款的保障（**Protection**）：一般來說，如果企業能夠提出第三人保證、流動性較高、價值較高且波動性較低的抵押品，銀行放款的意願就會提高。

5. 企業未來的展望（**Perspective**）：通常銀行會比較注重企業中、長期的發展與營運方向，例如企業之研究發展、產品製造過程改善、未來營運目標等項目。倘若可行，企業會以書面營運計畫書供銀行進一步瞭解與掌握企業未來的營運，如此一來，通常可以提升銀行放款的意願。

二、財務規劃之考量

應用情境 17

　　歲末年終，寰宇公司的董事會會議正在商討公司下一個年度的年度預算編列與幾項重大的投資案件評估，董事長與董事、監察人及公司所有經理級以上的主管也都慎重其事地參與此次董事會，並針對各部門提出議題，除了作為內部的檢視工作外，也預備在股東會進行報告：

▶ 財務部門是否已經完成下一個年度的經濟環境分析呢？依據國際局勢及部分國家彼此間緊張的關係看來，下一個年度的新臺幣對美金的匯率走勢是樂觀還是悲觀呢？財務部門是否已經擬定好因應之對策呢？是否已經將通貨膨脹列入考量呢？

▶ 根據行銷部門初步的估計，公司下一個年度如果銷售總金額成長為1.2倍，假若銷售成本及營業費用也都能控制在提高為1.2倍的話，公司的損益狀況是成長還是衰退呢？

▶ 如果未來1年確實如同前面的狀況，那麼公司還需要投入多少資金呢？是否需要再對外募集額外的資金呢？如果內部股東決定不再投入任何資金的話，往來銀行的貸款額度是否足夠因應呢？

▶ 如果未來1年的銷售狀況不如前面所提的狀況樂觀的話，行銷部門是否已經擬好較具彈性的因應對策呢？

> ▶ 公司舊產品目前的市場占有率是否有衰退的跡象呢？公司今年初新開發的產品，下一個年度是否還能夠持續爭取到超額利潤的空間呢？
>
> ▶ 考量公司人員逐漸增加，如果下一個年度的年度預算需要編列租用額外的辦公空間的話，可否將董事或其他內部人閒置的住宅，租給寰宇公司呢？還是考慮重新添購商務辦公室或是對外租賃呢？

　　一般來說，企業在執行財務規劃之前通常會針對以下幾個項目加以考量、比較、分析及評估之後，才能將決策的風險降至最低：

（一）經濟環境

　　所謂「經濟環境分析」係依據經濟事實與數據，運用適當的方法，對經濟活動的問題或現象進行研究、解釋或對未來經濟變數做出預測，有助於董事會及經營團隊以宏觀的思維來考量企業未來的營運方針。所謂「經濟分析」係依據經濟事實與數據，運用適當的方法，對經濟活動的問題或現象進行研究、解釋或對未來經濟變數做出預測。經濟分析主要以「總體經濟」[4]作為研究對象，例如「消費行為」、「政府經濟政策」、「國際貿易」、「民間投資」，「國民所得」、「利率」、「匯率」等議題。而總體經濟的好壞當然也就會影響企業的營運。

4　總體經濟學（Macroeconomics，來自希臘語前綴makro-意為「大」＋經濟學），是指用國民收入、經濟整體的投資和消費等總體性的統計概念來分析經濟運行規律的一個經濟學領域。總體經濟學是相對於古典的個體經濟學而言，源自約翰‧梅納德‧凱因斯的《就業、利息與貨幣的一般理論》發表以來快速發展的一個經濟學分支。

小叮嚀

　　目前台灣最重要的經濟分析資料收集與整理機構為行政院主計處，除此之外：
▶ 中華民國統計資訊網：https://www1.stat.gov.tw/mp.asp?mp=3
▶ 國家發展委員會：https://www.ndc.gov.tw/
▶ 經濟部國際貿易局經貿資訊網：https://www.trade.gov.tw/
▶ 台灣經濟研究院全球資訊網：https://www.tier.org.tw/
　　都是蒐集相關分析資料的重要來源。

（二）銷售預測

　　銷售預測可說是在財務規劃過程中最基本的工作項目。特別重視的是企業的產品或服務在市場上的成長空間與競爭力。如果所處產業的市場已經趨於飽和且競爭者太多，則該企業能夠爭取的空間是來自於取代競爭者原本的市場，這樣的市場是有限的且利潤空間不會太大；反之，如果市場仍處於高速成長且競爭者很少，則我們預估受評企業的產品仍有成長的空間，且可以有較高的超額利潤。

　　那麼，應該如何判斷企業的產品或服務，在市場上是否能夠爭取到超額利潤的空間呢？

1. 產品或服務的功能或品質超越市場上競爭者，而且能明顯的提供使用者或購買者較高的效益，因此使用者或購買者願意支付較高的價格，該企業當然有超額利潤。

2. 產品或服務的功能或品質並不顯著，但是卻可以為某些特定的使用者或購買者降低成本，因而該企業當然也會有超額利潤。

3. 產品或服務的功能或品質沒什麼特別之處，但是該企業卻可以用市場上相對較低的生產成本或是相對較高的生產效率生產該產品或提供該服務，因而該企業當然也會有超額利潤。

在台灣，相關市場分析資料的提供主要是由與政府有關的財團法人[5]為主，例如資訊策進委員會[6]資訊市場情報中心（MIC），該單位主要提供有關資訊產業的技術、產品、市場與趨勢的研究。並透過IIP（Industry Intelligence Program）、IT Data Bank與產業研究報告精選等管道，提供資訊電子產業與市場資料給會員，這些資料對資訊電子產業廠商攸關的利潤、競爭與成長等關鍵因素，有相當大的幫助。

另外，市場調查研究機構，也是近年來快速發展的資訊服務行業，不過，他們是以收費的方式提供研究報告給客戶的。例如：資策會資訊市場情報中心、中華徵信、台灣經貿網等。

（三）資產需求

企業為了未來在財務規劃過程中所必須重新購置的資產，例如購置土地或擴充廠房等長期投資項目，可以採用我們在第十章所曾經介紹過的「資本預算評估方法」來估算是否值得投資。

（四）財務需求

財務需求就是資產及資金的需求，除了以企業的內部資金因

5　財團法人（foundation）為一具有法人資格的「財產的集合體」，由捐助人捐助一定數額的財產，並經一定法定程序而成立之法人團體。中華民國依據2018年立法院通過《財團法人法》，視創立基金中的政府預算比例，區分「民間捐助財團法人」（民間財團法人）及「政府捐助財團法人」（公設財團法人）。

6　財團法人資訊工業策進會（Institute for Information Industry, III，簡稱資策會），是中華民國經濟部成立的一個財團法人機構，主要是為了推動台灣的資訊科技發展而成立，一直以來即為中華民國政府資訊通訊相關政策之智庫，對於資訊相關政策法律制定均參與極深，其研究的項目均帶有一定的官方色彩。典型的例子包括在1984年時，與台灣13家資訊科技廠商簽訂「五大中文套裝軟體」開發計畫，而「大五碼」（Big5）即是為「五大中文套裝軟體」所設計之中文內碼。

應之外，也可能會使用中、長期的借款或發行公司債、股票等方式
募集資金，以避免因為資金不足或是資金週轉不靈，而發生計畫延
誤，甚至於失敗收場的情況。

三、財務規劃功能

　　財務規劃，是企業針對未來某一段期間的營業活動或專案計畫
加以評估，並估計資金的需求與來源，總共囊括了營運、投資及融
資等三大類的活動，所擬定出來的計畫。一般來說，企業的年度預
算即為一種財務規劃的觀念。

　　對企業而言，執行財務規劃至少具有以下幾種功能：

㈠ 展望未來：有助於董事會及經營團隊以宏觀的思維來考量企業未來
　的營運方針。

㈡ 將企業目標與決策透明化：在財務規劃的過程中，無異是全盤公開
　企業未來的目標與決策，給予企業內部明確的努力方向。

㈢ 員工專業提升：員工在參與財務規劃的過程中，透過跨部門的合
　作，可藉以培養員工溝通與協調的能力。

㈣ 企業社會責任：詳盡的財務規劃可以降低全體員工、股東、投資
　人及利害關係人的疑慮，符合債權人的要求，善盡企業社會責任
　（CSR）。

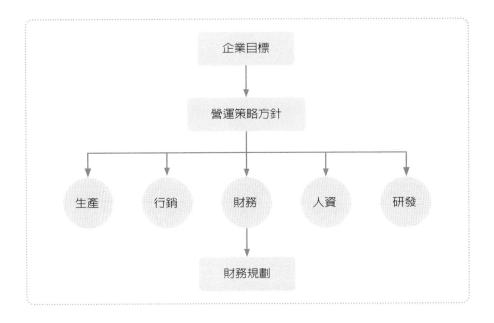

　　財務規劃在企業既定的目標之下，董事會及經營團隊在進行經濟環境、產業及市場趨勢分析之後，即據以評估、擬定營運策略方針並設定各個單位的工作計畫。接下來，財務部門必須將所有單位的必要活動併入整體的財務規劃中，再者，就是估算所有必要活動資金的流出與流入（需求與來源），然後再決定是否需要籌措資金。

　　財務規劃應該同時涵蓋長、短期資金的需求，長期係考量企業的長期投資、資本結構、資本預算及中、長期融資，例如擴充廠房、生產線或是購買機器、設備等資產；而短期則是衡量流動資產與流動負債的差額之後（即流動資產減掉流動負債等於淨營運資金）。

　　綜上所述，執行財務規劃時，應該審慎地考量以下幾項特性：

㈠ 整體性：例如，當企業未來將同時進行數個投資方案時，某些資產、設備或人力也許在某一段期間可以共用或是分享，以免造成營運資金的浪費。

㈡ 選擇性：企業在面臨不同的投資方案時，是否已經做出最好的選擇？產品是否應該促銷？或是否應該提供現金折扣？

㈢ 可行性：企業是否有能力在預計的時間內完成投資方案？

㈣ 周延性：企業是否已經針對突如其來的狀況或產業市場變化（例如，罷工、食安或工安意外等），先行擬定具彈性的對策？

四、財務規劃案例分析　

接下來，我們將以寰宇公司為例來說明一般企業在面臨銷售預測完成、後續財務規劃、資產與資金需求、融資的策略選擇等財務規劃過程中所發生的情況。

應用情境 18

假設寰宇公司於2021年時，預計在2022年的銷售收入成長到1.2倍，然而成本（包括銷售成本、營業費用及折舊等費用）也都與銷售收入同比率成長到1.2倍，財務部門應該如何進行財務規劃才能將公司所有單位的必要活動併入整體的財務規劃中呢？是否先逐一估算出所有必要活動資金的流出與流入，然後再決定是否需要籌措資金，以滿足所有單位的資金需求，才能繼續營運、追求成長嗎？

讀者可以發現，在下列的狀況一，除了銷售及成本成長到1.2倍之外，資產、負債及股東權益也都提高為1.2倍。因為寰宇公司的資產增加了新臺幣160（百萬元），即從新臺幣800（百萬元）增加到新臺幣960（百萬元）；另一方面，負債與股東權益也都增加了新臺幣80（百萬元），即從新臺幣400（百萬元）增加到新臺幣480（百萬元），這表示該公司決定舉債新臺幣80（百萬元），並且同時向股東募集資金新臺幣80（百萬元）來因應所有資金的缺口新臺幣160（百萬元）。

狀況一　股東權益伴隨銷售及成本成長到1.2倍

寰宇公司（單位：新臺幣百萬元）					
損益表　1/1~12/31			資產負債表　12/31		
	2021	2022		2021	2022
銷售金額	1,000	1,200	資產總計	800	960
銷貨成本	（840）	（1,008）			
EBIT	160	192	負債	400	480
利息費用	（40）	（48）	股東權益	400	480
所得稅	（30）	（36）			
稅後淨利	90	108	負債及權益合計	800	960

所以從狀況一來看：寰宇公司的負債比率將成為50%（480／960＝50%）；倘若此時股票的面額為新臺幣10元，則寰宇公司每股盈餘將成為新臺幣2.25〔稅後淨利／（股東權益／10）＝108／48＝2.25〕元。

另外，讀者可以發現在狀況二（銷售及成本同樣是成長到1.2倍，但股東權益完全沒有變動），亦即資金需求全部來自對外舉

債，寰宇公司決定不保留任何的盈餘，但因資產、負債及也都提高為1.2倍，因此公司決定以舉債新臺幣160（百萬元）來因應所有資金的缺口新臺幣160（百萬元）。從而，該公司的利息費用增加了新臺幣16（百萬元），即從新臺幣40（百萬）增加到新臺幣56（百萬元）。

狀況二　股東權益沒有變動

寰宇公司（單位：新臺幣百萬元）					
損益表　1/1~12/31			資產負債表　12/31		
	2021	2022		2021	2022
銷售金額	1,000	1,200	資產總計	800	960
銷貨成本	（840）	（1,008）			
EBIT	160	192	負債	400	560
利息費用	（40）	（56）	股東權益	400	400
所得稅	（30）	（34）			
稅後淨利	90	102	負債及權益合計	800	960

　　所以從狀況二來看：寰宇公司的負債比率變成爲58.3%（560／960＝58.3%）；連帶地，該公司的每股盈餘也成爲新臺幣2.55（102／40＝2.55）元。

　　聰明的讀者應該已經發現當該公司的負債比率從50%提高爲58.3%時，公司的每股盈餘反倒是增加的（從原先的新臺幣2.25元增加爲新臺幣2.55元）。

資本預算的考量

應用情境 19

　　寰宇公司去年年初因為受到關係人宇宙科技股份有限公司支付予星空商業銀行台中分行支票金額新臺幣500萬元遭到退票一案牽連，公司也遵照金管會規定發布了重大訊息。公司今天將召開今年度第一次的董事會，以下是本次董事會議程中的幾項重大議案內容：

▶ 本公司之關係人宇宙科技股份有限公司預計可能造成之損失，即有關本公司對宇宙公司之其他應收款（總金額新臺幣24,080,260元）是否已經擬定具體可行之催收對策？是否已經成立專責小組持續密切注意宇宙公司之營運變化呢？本公司對於該案實際造成之損失如何求償呢？

▶ 本公司今年度為了拓展新的業務及因應去年年初起海運貨櫃輪減班創紀錄所造成運費大幅調漲，船務部門在運費及其相關費用的考量上與公司未來新業務將使進出口筆數增加、採購詢價、議價及比價等交易量劇烈增加等影響下，導致公司桌上型電腦不堪負荷，採購部門多次與管理資訊系統（MIS）[1]部門開會討論之後，決定依據用途與目的選

1　管理資訊系統（Management Information System）是一個以人為主導的，利用電腦硬體、軟體和網路裝置，進行資訊的收集、傳遞、儲存、加工、整理的系統，以提高組織的經營效率。管理資訊系統是有別於一般的資訊系統，因為它們都是用來分析其他資訊系統在組織的業務活動中的應用。

擇適合本公司處理器效能、記憶體大小、可安裝的硬碟數等需求，添購兩台2U雙路伺服器[2]、GPU伺服器（總金額約新臺幣48萬元）。

　　面對本次董事會的重大議案，各位董事應該如何決議呢？

一、資本預算的考量

　　評價業者在評估一家企業的價值時，重視的是該企業未來所能夠創造出的價值，即以該企業未來的營業收入及現金流量為評估依據。該企業價值的高低，同樣也不只是其所擁有的財產有多少，而是在於其未來的營業收入、現金流量及獲利能力。因此，資本預算的不確定因素往往會影響到一家企業的未來的營業收入及現金流量。

　　企業決定投資之前，必須確認下列幾項先決條件：

2　伺服器作為硬體來說，通常是指那些具有較高計算能力，能夠提供給多個用戶使用的電腦。伺服器與PC機的不同點很多，例如PC機在一個時刻通常只為一個用戶服務。伺服器與主機不同，主機是通過終端給用戶使用的，伺服器是通過網路給客戶端用戶使用的，所以除了要擁有終端裝置，還要利用網路才能使用伺服器電腦，但用戶連上線後就能使用伺服器上的特定服務了。和普通的個人電腦相比，伺服器需要連續的工作在7×24小時環境。這就意味著伺服器需要更多的穩定性技術可靠性與可用性，且通常會有多部連接在一起運作。根據不同的計算能力，伺服器又分為工作群組級伺服器，部門級伺服器和企業級伺服器。伺服器作業系統是指執行在伺服器硬體上的作業系統。

㈠資金來源：企業擁有自有資金或對外籌措資金，才能夠保證投資活動順利地進行。例如對外融資，包括向銀行貸款、發行債券、發行股票等形式籌措資金。

㈡投資決策權：企業是否具備決定投資與否、投資方向、投資形態及投資額度等。

㈢投資獲利的受益者：企業對投資所增加的資產及由此投資所產生的收益是否具有支配權。

㈣投資風險的承擔者：投資是指企業投入財力、物力及人力，以期望在未來獲取收益的一種行為。企業為了在競爭中處於優勢，必須進行科學的投資決策。即使企業的投資決策正確，都不一定保證未來的生存與發展可以一帆風順，但是至少可以為企業創造競爭優勢提供必要的條件；反過來，再好的企業，如果出現重大的投資決策失誤，必定會在激烈的競爭中失敗。

英國經濟學家約翰‧梅納德‧凱因斯[3]（John Maynald Keynes, 1883-1946）曾說過：「有技巧投資的社會目的，應該是要打敗遮蔽我們未來的時間與無知的黑暗力量。」當企業在面臨有一些投資方案之間彼此互相排斥時，必須更加謹慎評估，才能降低風險、提高獲利的可能性。

接下來，我們將繼續探討在實務上資本預算的決策過程中所必須面臨及考量的各項重點：

---

3 凱因斯，英國經濟學家。一反自18世紀亞當‧斯密以來尊重市場機制、反對人為干預的經濟學思想，凱因斯主張政府應積極扮演經濟舵手的角色，透過財政與貨幣政策來對抗經濟衰退乃至於經濟蕭條。凱因斯的思想不僅是書本裡的學說，也成為1920年代至1930年代世界性經濟蕭條時的有效對策，以及構築起1950年代至1960年代許多資本主義社會繁榮期的政策思維，因而被誇為「資本主義的救星」、「戰後繁榮之父」等。一度主宰資本主義的凱因斯思想也成為經濟學理論與學派之一，稱為「凱因斯學派」，並衍生數個支系，其影響力持續至今。

㈠ 重置計畫（Replacment Projects）：例如興建新廠房取代舊廠房，或是購置新設備取代舊設備等。

㈡ 計畫規模（Size of the Project）：例如興建小廠房或大廠房，或是全部購置新設備或部分購置新設備等。

㈢ 成本刪減計畫（Cost Reduction Project）：例如是否需要刪減支出、精簡人力、縮減計畫規模以節省開銷。

㈣ 成本擴增計畫（Cost Expansion Project）：例如是否需要增加支出、增加人力、擴大計畫規模以增加效益。

㈤ 買或租（Buy or Lease）：例如新廠房或新設備是要購買或是租賃。

㈥ 再融資計畫（Refinancing Project）：是否需要再舉債以償還舊債。

二、現金流量估計原則

　　我們在上一節中提到，實務上資本預算在決策過程中所考量的各項重點，重點確認之後應該依序再確認資本預算年限、衡量投入成本、估計現金流量、風險評估分析、選擇適當的折現率、計算現金流量的現值（將計畫的現金流量折現），最後再比較投入成本與現值以決定該計畫是否採行。例如：如果公司購買資產或設備時，期初已經支付現金，通常會造成現金減少或負債增加（應付設備款），但是在會計上每年提列的折舊費用並未實際產生現金的流出。

　　另外，一般來說，公司進行投資計畫時，營運資金、流動負債（應付帳款、應付票據及其他應付款等）都會隨之增加；同樣地，流動資產也會跟著增加（應收帳款及存貨等）。因此，淨營運資金（Net Working Capital＝流動資產－流動負債），也會隨之增加。

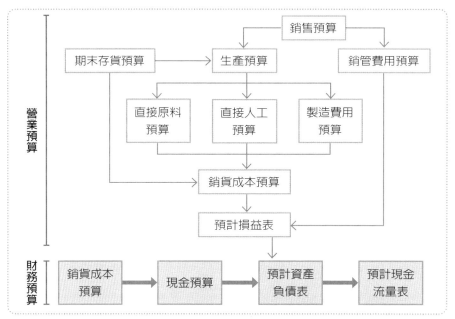

圖9-1　企業（製造業）整體資本預算流程圖

資料來源：陳敏齡編著，成本與管理會計。華立圖書，218頁。

　　雖然說現金流量的估計對於資本預算之採行與否可謂是至關重要，但是在估算資本預算過程中，現金流量的估計也是最困難的一環。因此，我們建議讀者的是只需先考量所謂的「增量現金流量」（或稱「攸關現金流量」），也就是公司因為執行該資本預算後，額外產生的現金流量。換句話說，就是公司因為執行該資本預算，所導致現金流量的變動量。

　　因此預算是現代企業經營管理最有效的工具之一，更是利潤規劃不可或缺的重要利器。

```
┌─────────────┤ 應用情境 20 ├─────────────┐
```

　　寰宇公司在召開今年度第一次董事會前，討論到為了拓展新業務必須增加各項資本支出。但是，依據投資計畫規模看來，似乎有必要盤點一下公司舊有的資產、倉庫、人力，以求計算計畫的預算及計畫可否執行，並作為績效評估改善的參考。

1. 公司拓展新業務之前，委託熹瑞顧問公司進行海外市場調查（顧問費約新臺幣80萬元），以便決定是否投資。

2. 公司原本有一間位於基隆港附近的倉庫，每個月固定收取新臺幣60萬元的租金收入，可能必須收回作為新的投資方案使用。

3. 公司因應去年年初起海運貨櫃輪減班創紀錄所造成運費大幅調漲，船務部門估計今年度海外運費及相關費用約增加到新臺幣30萬元。

　　在面臨這一連串現金流量的問題時，財務長應該如何建議呢？

接下來，我們仍要不厭其煩地提醒讀者在估計增量現金流量時，應注意的事項如下：

㈠ 沉沒成本：是公司在決定投資方案前已經發生或是已經承諾的成本。也就是說，即使最後放棄投資方案這項成本也不會因此而避免，所以，估計增量現金流量時，沉沒成本不可列入投資方案，例如顧問費用。

㈡ 機會成本：公司爲了此投資方案所可能動用到的資源。例如：公司的資產、設備或人力。例如公司倉庫原本可以出租賺取新臺幣60萬元租金收入的，可能因爲新的投資方案而被挪用了，這60萬元就應該視爲機會成本。

㈢ 附加周邊成本：公司爲了此投資方案額外增加的安裝費、報關費、運費等必要成本。

㈣ 利息費用：投資方案評估通常會與公司例行的融資決策分開，因此融資所產生的利息費用不應該計入。

三、現金流量估計之步驟

接下來，我們將介紹現金流量估計的步驟：

（一）逐筆計算稅後現金之流入及流出

1. 假設營業現金收入新臺幣5萬元、稅率20%

因爲雖然收到現金5萬元，但是營業收入必須繳稅，即$50,000 \times 0.2 = 10,000$，所以這筆營業收入的稅後現金流入只有$50,000 - 10,000 = 40,000$，也就是說$50,000 \times 0.8 = 40,000$。

2. 假設營業費用支付現金新臺幣3萬元、稅率20%

因爲雖然支付了現金3萬元，但營業費用可以減少課稅所得，即可以少繳納稅金$30,000 \times 0.2 = 6,000$，所以這筆營業費用的稅後現金淨流出只有$30,000 - 6,000 = 24,000$，也就是說$30,000 \times 0.8 = 24,000$。

3. 假設不須支付現金的費用，如折舊費用新臺幣4,000元，稅率20%

因為提列折舊並無須支付現金4,000元，但是折舊費用列入損益表內，可以減少課稅所得，即可以少繳納稅金4,000×0.2＝800，事實上就等於稅後現金流入了800。

因此，本案例的稅後現金流入量＝（50,000×0.8）－（30,000×0.8）＋（4,000×0.2）＝16,800。

（二）將稅後淨利加上不須支付現金的折舊

例如稅後淨利16,000×0.8＝12,800，稅率20%，必須再加上不須支付現金的費用（折舊費用）4,000元。

因此，本案例的稅後現金流入量＝2,800＋4,000＝16,800。

（三）將稅前現金流入量課完稅之後再加上折舊節稅

例如稅前淨現金流量新臺幣2萬元，稅率20%，折舊費用新臺幣4,000元。

因此，稅後現金之流入＝稅前現金流入量×（1－稅率）＋折舊×稅率＝（20,000×0.8）＋（4,000×0.2）＝16,800。

資本預算的評估與管理

應用情境 21

　　寰宇公司在董事會的重大議案中討論到「為了拓展新業務必須增加的資本支出」，但是，依據計畫的規模看來，公司除了舊有的桌上型電腦不堪負荷必須添購大型的伺服器之外，未來拓展的業務似乎還有不少預算支出項目必須一併列入考量。為使決策能夠更趨正確，財務長請部門同仁進行市場調查，回覆如下：

▶ 小張說：「報告財務長，如果考慮購買A廠牌大型電腦主機需耗費新臺幣100萬元。估計耐用年限10年，採直線法提列折舊、無殘值，估計可使公司每年增加稅前現金流入新臺幣40萬元。若公司面對之稅率為40%，則該設備之回收年限對公司有利。」

▶ 小陳說道：「報告財務長，我不認為如此。因為如果考慮購買B廠牌大型電腦主機，只需新臺幣45萬元。估計耐用年限5年，預期每年可以增加之稅後現金流入依序為：第一年新臺幣13萬元、第二年新臺幣11萬元、第三年新臺幣10萬元、第四年新臺幣8萬元、第五年新臺幣6萬元，這樣對公司更有利。」

　　二位同仁所說的，到底哪一位是真的有道理呢？

一、資本預算評估方法的優劣比較

　　資本預算的評估方法大致上可以分為以下幾種：

（一）收回期間法

　　收回期間法又稱還本期間法，即投資成本須花多久時間才能全部收回。一般而言，還本期間越短，表示風險越小。

1. 當每年稅後現金流入量均一致時

　　舉例來說，寰宇公司考慮購買A廠牌大型電腦主機需耗費新臺幣100萬元，估計耐用年限10年，採直線法提列折舊、無殘值，估計可使公司每年增加稅前現金流入新臺幣40萬元。若公司面對之稅率為40%，則該設備之回收年限為幾年？

稅前淨利	300,000	稅後淨利＝稅前淨利×（1－稅率）＝（300,000×0.6）	180,000
加：折舊	100,000	加：折舊	100,000
稅前現金流入量	400,000	稅後現金流入量	280,000

　　收回期間＝投入成本／每年稅後現金流入量
　　收回期間＝1,000,000／280,000＝3.57年

2. 當每年稅後現金流入量不一致時

　　舉例來說，寰宇公司考慮購買B廠牌大型電腦主機需耗費新臺幣45萬元，估計耐用年限5年，預期每年可以增加之稅後現金流入依序為：第一年新臺幣13萬元、第二年新臺幣11萬元、第三年新臺幣10萬元、第四年新臺幣8萬元、第五年新臺幣6萬元，則該設備之回收年限為幾年？

單位：新臺幣元

年度	稅後現金流入	稅後現金流入累計
1	130,000	130,000
2	110,000	240,000
3	100,000	340,000
4	80,000	420,000
5	60,000	480,000

（480,000－450,000）／60,000＝0.5，即該設備之回收年限＝4＋0.5＝4.5年。

3. 優點

⑴計算簡便且易於瞭解。

⑵當公司缺乏資金時，可用以選擇能最快速產生現金報酬的投資。

4. 缺點

⑴忽略貨幣的時間價值。

⑵未考慮到各方案收回之後的獲利性，亦即只考慮到收回期間的長短，而未考慮也許收回期間較長的方案，其收回之後的獲利能力可能會比收回期間較短的方案還來得好。

（二）會計報酬率法

會計報酬率法係根據會計學應計基礎[1]下所計算之稅後淨利來計算投資報酬率，投資報酬率越高，則方案越好。

原始投資會計投資報酬率＝每年稅後淨利／原始投入成本

1　應計基礎又稱為「權責發生基礎」，是企業編製財務報表時所依據的基礎之一。在「應計基礎制」下，一項交易對企業之影響，須於發生時（而非在收到或支付現金時）便加以辨認、記錄及報導。例如，企業採用賒銷方式銷售商品，須於銷貨發生時便認列銷貨收入，而不是等到收到現金時才認列收入。

平均投資會計投資報酬率＝每年稅後淨利／（原始投入成本＋殘值）÷2

稅前淨利	10,000
加：折舊	8,000
稅前現金流入	18,000
稅後現金流入	10,000×60%＋8,000＝14,000
或者	18,000×0.6＋8,000×0.4＝14,000

‧原始投資之會計報酬率

每年稅後淨利＝10,000×60%＝6,000

原始投資之會計報酬率＝6,000／65,000＝9.23%

‧平均投資之會計報酬率

平均投資之會計報酬率＝6000／〔（65,000＋1,000）／2〕＝18.18%

1. 優點

⑴計算簡便且使用容易。

⑵可利用現有的財務報表資料直接計算。

2. 缺點

⑴忽略貨幣的時間價值。

⑵忽略資產帳面價值會隨著使用而遞減，因此，若以原始投資金額當作爲分母來計算原始投資報酬率或是平均投資報酬率，所得到的數據應該是不夠客觀的。

⑶未考慮到現金流量，對資本支出決策而言，未來的現金流量才是攸關決策的考量，而不是稅前淨利或稅後淨利。

▶試著回答下列問題，看看自己是不是真的懂了～

如果C公司以成本新臺幣65,000元購置一部機器。並按直線法分8年計提折舊，殘值新臺幣1,000元。公司估計每年可增加稅前現金流入新臺幣18,000元，除折舊外將不增加其他成本、假設所得稅率為40%。試問原始投資之會計報酬率為多少？平均投資之會計報酬率為多少？

（三）獲利指數法

獲利指數（Profitability Index, PI）又稱為成本效益比率（Cost-Benefit Ratio），當獲利指數PI大於1時，表示淨現值大於0，也就是說這項投資計畫可行。

舉例來說，寰宇公司將決定某投資計畫，該公司資金成本（使用之折現率）為10%、現金流量資料如下表，請問此項投資計畫可否採行？

單位：新臺幣元

年度	0	1	2	3
現金流（出）入	-5,000	2,000	2,500	3,000

$$PV = 2,000 / (1+10\%)^1 + 2,500 / (1+10\%)^2 + 3,000 / (1+10\%)^3 = 6,138.24$$

PI＝淨現金流（出）入現值／期初投入成本

　　＝6,138.24／5,000＝1.228

因為1.228＞1，所以這項投資計畫可行。

1. 優點

⑴考慮到貨幣的時間價值。

⑵考慮到投資計畫期間內之全部現金流量。

⑶當投資方案的時間與規模不同時，適合採用此法。

2. 缺點

⑴投資方案的總金額不夠明確。

⑵無法看出投資方案的規模。

（四）淨現值法

淨現值法係將各方案之每年流入（出）之現金流量，依照預估的最低報酬率折算現值（最低報酬率係指平均資金成本，資金成本為現值的折現率），當現值大於投入成本時，表示這項計畫可行。

舉例來說，寰宇公司正面臨現有機器設備是否應該進行汰舊換新的決策。該公司使用之折現率為10%、機器採用直線法提列折舊、所得稅率為30%，試計算兩種方案的淨現值，並比較何方案較為有利？（新舊機器的相關資料如下表）

單位：新臺幣元

	舊機器	新機器
原始投入成本	140,000	200,000
預估剩餘使用年限	4年	4年
累計折舊	48,000	0
每年營業成本	36,000	10,000
現在殘值	40,000	0
4年後殘值	0	20,000

假設該公司之折現利率為10%

期數	複利現值	年金現值
1	0.909	0.909
2	0.827	1.736
3	0.751	2.487
4	0.683	3.170

1.優點

⑴考慮到貨幣的時間價值。

⑵考慮到投資計畫期間內之全部現金流量。

⑶可依不同投資方案的風險，採用不同的折現率。

2. 缺點

⑴折現率不易決定。

⑵當各投資方案之計畫年限與投資額不等時，若以淨現值之絕對金
額作為投資方案之取捨，較為不客觀。

（五）內部報酬率法（**Internal Rate of Return**）

內部報酬率法簡稱IRR，又稱為現金流量折現法，即如果將現
金流量依內部報酬率折現，其現金流量之現值將等於投資成本，亦
即淨現值等於0。若投資方案之內部報酬率≧預期最低報酬率，表
示此方案可投資。

投入成本＝第一年年底的現金流量／$(1＋IRR)^1$＋第二年年底
的現金流量／$(1＋IRR)^2$＋第三年年底的現金流量／$(1＋IRR)^3$
＋……＋第n年年底的現金流量／$(1＋IRR)^n$

舉例來說，寰宇公司為了新的製程技術需要購入機器一台，
投資新臺幣28,000元，耐用年限7年，試問其內部報酬率為多少？
（寰宇公司預期每年可以節省之營業成本如下表）

複利現值　　　　　　　　　　　　　　　　　　　　　單位：新臺幣元

期數	每年可節省金額	12%	13%	14%	15%	16%
1	10,000	0.893	0.885	0.877	0.870	0.862
2	8,000	0.797	0.783	0.769	0.756	0.743
3	6,000	0.712	0.693	0.675	0.658	0.641
4	5,000	0.636	0.613	0.592	0.572	0.552
5	4,000	0.567	0.543	0.519	0.497	0.476
6	3,000	0.507	0.480	0.456	0.432	0.410
7	3,000	0.452	0.425	0.400	0.376	0.354

＊每年可節省金額即每年之現金流入量。

1. 優點

⑴考慮到貨幣的時間價值。

⑵考慮到投資計畫年限內之全部現金流量。

2. 缺點

⑴計算繁瑣。

⑵假設淨現金流量都能以原來的投資報酬率再投資，但是在實務應用上並不是如此單純。

⑶內部報酬率法常會受到資本預算額度的影響，從而作出錯誤決策。例如，可能會選擇現金流量較大、但是內部報酬率卻較低的投資方案；或是選擇內部報酬率較高、但是現金流量卻較小的投資方案。

二、投資案例的績效評估

應用情境 22

　　寰宇公司的發展日趨穩健，為了作為公司未來長、短期投資決策之參考指標，及日後投資方案的績效考核，公司也在董事會中決議設立獨立的投資中心。投資中心不僅要對成本、收入負責，還要對利潤以及投資成敗負責。目前公司在台中及高雄兩地各設有分公司，且此兩家分公司都是獨立的投資中心，其資金來源分別為長期借款新臺幣300萬元（利率12%）與自有資金新臺幣700萬元（資金成本率為14%），所得稅率40%，假設兩家分公司的經營風險與加權平均資金成本皆與總公司一樣。其他的相關資料如下：

單位：新臺幣元

	台中分公司	高雄分公司
資產總額	2,000,000	10,000,000
流動負債	500,000	3,000,000
營業利益	500,000	1,500,000

　　某日，兩家分公司的主管回到台北總公司向董事長及財務長作投資部門例行性績效報告，以下是本次會議中財務長所提出的幾個問題：

▶ 分公司之剩餘利益各為多少？（假設資金成本率為10%）
▶ 如果採用投資報酬率來衡量投資部門績效時，哪一家分公司的績效比較好？
▶ 如果採用經濟附加價值來衡量投資部門績效時，哪一家分公司的績效比較好？
　　在面臨這一連串的問題時，兩家分公司的主管應該如何回答？而董事長對這兩家分公司的績效應該如何評估呢？

　　投資中心是一個具有獨立經營決策權和投資決策權的經營單位，有些大型企業甚至會設立投資中心或投資部門作為集團或企業對外投資方案的專責單位。而投資中心不僅要對成本、收入負責，還要對利潤以及投資成敗負責。因此在評估投資中心的績效時，不僅要考核資產運用之效率，還要考核其所選擇之投資方案的獲利能力。

　　投資中心或投資部門的績效考核指標主要有下列三種：

（一）投資報酬率（Return On Investment, ROI）

　　係指投資中心所獲得的利潤占投資金額的百分比指標，它可考核投資中心負責人對於獲利之努力與資產運用的效率，投資報酬率指標數值越大越好。

投資報酬率之計算通常分成兩部分：利潤率（淨利率）與資產週轉率。

　　投資報酬率＝淨利／銷貨收入×銷貨收入／投資金額
　　　　　　　＝利潤率×資產週轉率
　　　　　　　＝淨利／投資金額

1. 優點

⑴既考核了利潤，也考核了投資金額（資產週轉率）。

⑵在利潤和投資金額的比率關係中，是一種綜合性比較強的考核指標。

2. 缺點

⑴當投資部門之投資報酬率高於公司之投資報酬率時，投資部門的部門主管可能會選擇投資報酬率對自己部門比較有利的方案，但對公司長期的獲利能力可能有害之投資決策。

⑵可能忽視公司及股東整體利益最大化。

　　舉例來說，寰宇公司財務報表部分資料如下，請問該公司之投資報酬率為何？另外請提出改善建議。

單位：新臺幣元

銷貨收入	400,000
銷貨成本	200,000
營業費用	195,000
淨利	5,000
利潤率	1.25%
負債合計	200,000
股東權益合計	300,000

投資金額（總資產）＝負債總金額＋股東權益總金額

$200,000＋300,000＝500,000$

投資報酬率＝淨利／銷貨收入×銷貨收入／投資金額（總資產）

$＝5,000／400,000×400,000／500,000＝1\%$

針對本投資方案的看法與改善建議如下：

1. 本投資方案的投資報酬率只有1%確實偏低。
2. 造成投資報酬率偏低原因及改善建議：降低銷貨成本（提高產品生產效率降低成本）、提高銷貨收入（提高銷售價格或是銷售數量）、控制或減少營業費用不必要的浪費或開支。

（二）剩餘利益（Residual Income, RI）

係指投資中心獲得的利潤扣除其投資金額，並按預期最低投資報酬率計算之投資報酬後的餘額。剩餘利益是個絕對數正指標，指標越大，表示投資效果越好。

剩餘利益＝淨利－（投資額×最低報酬率或資金成本率）

因此，剩餘利益率＝投資報酬率－最低報酬率

1. 優點

⑴可以彌補投資報酬率指標的缺點。
⑵避免因追求高投資報酬率，而放棄對公司利潤較大或最大的投資方案。

2. 缺點

⑴不能用來比較不同規模投資部門的績效。
⑵因規模較大之投資部門，其剩餘利益所以比較大，並非純粹因為管理效率較高，而是因為投資金額較大所造成的。

舉例來說，寰宇公司的最低報酬率為15%，該公司某部門的營業利益為新臺幣2萬元，平均投資額為新臺幣10萬元，則該部門的剩餘利益為多少？

剩餘利益＝淨利－（投資額×最低報酬率或資金成本率）
　　　　＝20,000－（100,000×15%）＝5,000

（三）經濟附加價值（Economic value added, EVA）

係衡量公司在某一段期間所創造的經濟價值，是否高於總投入資本（總資產－不付息流動負債）之資金成本，是一種新興的績效衡量指標。

> 經濟附加價值＝稅後淨利－（總資產－流動負債）×加權平均資金成本率

因為流動負債不需支付利息，即不會有資金成本發生，所以必須從總資產中將流動負債減除。關於加權平均資金成本的定義及計算方法，請讀者參閱本書第六章第五節之㈢。另外，我們要特別提醒讀者：由於利息費用在稅法上可以抵稅，所以在計算負債資金成本時，應以稅後負債資金成本計算。

1. 優點：考慮長期資金及稅後淨利之影響。
2. 缺點：易使管理階層為了美化投資績效，因而會透過操縱流動負債來提高經濟附加價值。

表10-1　績效考核指標之比較──剩餘利益與經濟附加價值

比較觀點	剩餘利益	經濟附加價值
資金來源	投資額	長期資金，亦即總資產減流動負債
資金成本率計算	最低報酬率，較為主觀	長期資金加權平均成本，較為客觀
租稅考量	未考慮，以稅前淨利為基準	考慮，以稅後淨利為基準

舉例來說，寰宇公司以長期債務和股東權益資金作為籌措資金的主要來源。該公司長期負債之帳面價值與市場價值均為新臺幣600萬元；權益資本之帳面價值為新臺幣300萬元，市場價值為新臺幣1,400萬元。長期負債之平均利率為6%，權益資本之資金成本為

12%，所得稅稅率為25%。試計算各分公司當年度所產生之經濟附加價值。（其北、中、南三家分公司當年度部分財務資料如下表）

單位：新臺幣元

	北部分公司	中部分公司	南部分公司
稅前淨利	456,000	589,000	632,000
資產總額	2,030,000	4,580,000	7,350,000
流動負債	120,000	330,000	570,000

加權平均資金成本＝（70%×12%）＋（1－25%）×〔（30%×6%）〕＝8.4%＋1.35%＝9.75%

分公司經濟附加價值＝稅後淨利－（總資產－流動負債）×加權平均資金成本率

北部分公司：456,000×（1－25%）－（2,030,000－120,000）×9.75%＝155,775

中部分公司：589,000×（1－25%）－（4,580,000－330,000）×9.75%＝27,375

南部分公司：632,000×（1－25%）－（7,350,000－570,000）×9.75%＝-187,050

舉例來說，寰宇公司在台中及高雄兩地各設有分公司，該公司兩家分公司都是獨立的投資中心，且資金來源分別為長期借款新臺幣300萬元（利率12%）與自有資金新臺幣700萬元（資金成本為14%），所得稅率40%，假設兩家分公司的經營風險與加權平均資金成本皆與總公司一樣。其他的相關資料如下：

單位：新臺幣元

	台中分公司	高雄分公司
資產總額	2,000,000	10,000,000
流動負債	500,000	3,000,000
營業利益	500,000	1,500,000

請問：

1. 若採用投資報酬率來衡量投資部門績效時，哪一家分公司的績效比較好？
2. 分公司之剩餘利益各為多少？（假設資金成本率為10%）
3. 若採用經濟附加價值來衡量投資部門績效時，哪一家分公司的績效比較好？

⑴ **投資報酬率**

台中公司	高雄公司
500,000 / 2,000,000＝25%	1,500,000 / 10,000,000＝15%

因台中分公司投資報酬率比高雄分公司高，故台中分公司績效較好。

⑵ **剩餘利益**

台中公司	高雄公司
500,000－2,000,000×0.1 ＝300,000	1,500,000－10,000,000×0.1 ＝500,000

(3)

先計算WACC

$$= \frac{3,000,000 \times 0.12 \times (1-0.4) + 7,000,000 \times 0.14}{3,000,000 + 7,000,000}$$

$=0.1196$

再計算經濟附加價值

台中公司：$500,000 \times (1-0.4) - (2,000,000-500,000) \times 0.1196 =$
120,600

高雄公司：$1,500,000 \times (1-0.4) - (10,000,000-3,000,000) \times 0.1196 =$
62,800

　　因台中分公司經濟附加價值比高雄分公司高，故台中分公司績效較好。

三、投資案例的後續管理

　　公司想要永續經營必須思考長遠的投資方向，例如，是否有意朝多角化經營或進軍國際市場的策略？公司的產品定位為何？公司的核心競爭力為何？公司的投資策略是否容易受景氣循環的影響？

　　由於產業分析對投資方向或策略扮演相當吃重的地位，因此，坊間產業分析相關的理論與模式，也非常的多樣化，目前實務上針對產業分析常用的架構或模型如下：

㈠ 波特之五力競爭模型（Poter's Five Competitive Forces Model）

㈡ 優勢—劣勢—機會—威脅分析架構（SWOT Analysis Framework）

㈢ 結構—行為—績效模型（Structure-Conduct-Performance(S-C-P) Model）

㈣ 市占率與成長性矩陣分析模型（Market-Share-Growth Potential Matrix Analysis Model）

　　另一方面，運用產業研究報告，並針對自家企業在所屬產業中的地位、產業結構、競爭力企業與競爭者的比較，以及對所屬產業未來的展望及成長空間等關鍵因素有了整體及深入的分析之後，應該可以清楚辨認企業未來的機會與威脅。

　　除此之外，必須特別重視的是自家企業的產品或服務在市場上的成長空間與競爭力。如果所處產業的市場已經趨於飽和且競爭者太多，則該企業能夠爭取的空間是來自於取代競爭者原本的市場，這樣的市場是有限的且利潤空間不會太大；反之，如果市場仍處於高速成長且競爭者很少，則我們預估企業的產品仍有較大的成長空間，且可能會有較高的超額利潤。

　　但是，究竟應該如何判斷企業的產品或服務，在市場上是否能夠爭取到超額利潤的空間呢？

㈠ 產品或服務的功能或品質超越市場上競爭者，而且能明顯的提供使用者或購買者較高的效益，因此使用者或購買者願意支付較高的價格，該企業當然有超額利潤。

㈡ 產品或服務的功能或品質並不顯著，但是卻可以為某些特定的使用者或購買者降低成本，因而該企業當然也會有超額利潤。

㈢ 產品或服務的功能或品質並無什麼特別之處，但是該企業卻可以用市場上相對較低的生產成本或是相對較高的生產效率生產該產品或是提供該服務，因而該企業當然也會有超額利潤。

　　接下來，我們就以一個台灣產業界真實的案例來解析投資案例的後續管理在投資策略中究竟扮演什麼重要的地位。

2016年，燦○風光入主知名咖啡連鎖業金○，原以爲這場跨業經營將成雙贏局面，如今卻傳出金○將大裁員，燦○究竟做錯了什麼[2]？

3C通路集團燦○的兩家轉投資公司燦○國際旅行社、咖啡連鎖店金○皆傳出裁員，燦○急忙澄清裁員僅17人，非外界所傳300多人，但集團目前仍未針對金○裁員200多人的消息作任何回應。

近來燦○轉投資可說是赤字連連，銷售線上旅遊產品起家的燦○，獲利在2015年由盈轉虧，4年半來總計虧損超過新臺幣3億元。比起燦○的虧損，同是燦○轉投資的餐飲業，3年半虧損加總更高達新臺幣8.5億元，其中金○占新臺幣7億元，比重高達82%，等於燦○實業過去2年半賺的錢加起來都還不夠塡補金○的虧損。

以小家電起家在3C通路稱霸一方，創辦人吳○○成立的燦○集團近年經營不順，因電商崛起等因素，燦○營業利益竟從2016年的新臺幣7億元，減少到去年的新臺幣3億元。吳○○當年因爲兒子吳○○對餐飲業的熱忱而跨入餐飲業，原以爲能靠新事業翻身，如今回頭看，卻反而雪上加霜。2000年在高雄崛起的金○，結合咖啡和甜點的商業模式快速在南部走紅，甚至啓蒙吳○○成立85度C。

早在2013年，燦○集團就入股金○40%，2016年吃下80%股權而正式入主，當時燦○旅遊董事長楊○○兼任金○董座，接受媒體採訪時曾豪氣表示，當年要將店數從28家擴張到79家，但如今全台只剩下34家。

綜合上述媒體的報導，歸咎最關鍵的原因是燦○集團下錯了三步棋：

2　資料來源：公開資訊觀測站、今週刊、燦○實業財報。

（一）品牌變調

燦○無論跨足旅遊業或餐飲業都失利，可能是陷入了一般企業多角化經營的迷思，「一般企業多角化都在想，有市場就進去，沒人才就從市場找，卻忽略企業原有核心能耐是什麼，或是否可以產生投資綜效」。專攻3C賣場的燦○本就是餐飲業外行，接掌金○後又接連下錯三步棋，終將每年獲利新臺幣3,000萬元的咖啡連鎖餐飲，變成虧損新臺幣7億元的大錢坑。

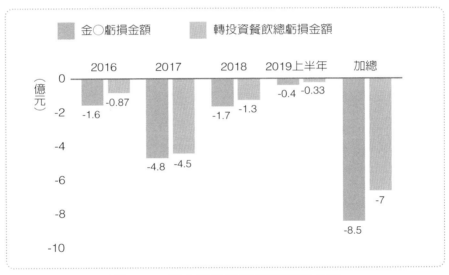

圖10-1　燦○轉投資餐飲業營運成績

資料來源：公開資訊觀測站、今週刊、燦○實業財報。

早在2016年，金○品牌創辦人鄭○○就不再參與金○事業經營，金○靈魂人物退出，讓咖啡連鎖餐飲瞬間失去原有的品牌生命力。當年燦○拿下金○80%股權、簽下合約一週後，燦○就把鄭

○○的私人物品打包送出，連原本約定好要給他的顧問職位，也未曾履約，仍是股東的鄭○○從此未再涉入金○經營。

鄭○○曾多次提出經營建議卻屢屢被拒，他甚至力阻金○在燦○店面設店中店，深怕冷冰冰的電器和亮眼的黃色，會掩蓋咖啡品牌原有的溫度，卻仍不獲採納，品牌走向改變，和店員的服務媲美星巴克細膩的細節也不復存在。

（二）選址失誤

咖啡複合連鎖品牌先驅金○原有先行者優勢，但星巴克及85度C據點快速擴張，分別搶下中高價位和中低價位市場的領導品牌地位，市場環境變化下，要在雙強鼎立的市場中殺出血路，必須有差異性的經營戰略。例如異軍突起的路易莎，近年從外帶店轉型精品咖啡館，就以塑造「咖啡體驗空間」為核心策略打造門市，快速搶下年輕客群。

觀察燦○展店策略，卻彷彿霧裡看花。一家知名咖啡連鎖品牌業者分析，品牌選址有其戰略意義：大馬路上的黃金店面是為了增加曝光度，也是金○早期選點策略；選在巷弄，則是要塑造咖啡體驗氛圍。「但燦○接掌後，金○選點時而選在像台北內湖區成功路上的黃金店面，時而藏身巷弄，時而又開在燦○賣場，這模糊消費者對金○的品牌印象，降低品牌溝通力」。

（三）砍掉麵包市場

早在兩年前，金○一口氣資遣超過50名烘焙師，並停售麵包產品。麵包容易過期、耗損率高，此舉無疑是為了降低成本，但據瞭解，燦○接手前，麵包貢獻金○約35%到40%的營業收入，蛋糕約占20%到25%，其餘則為咖啡等飲品。燦○此舉，直接廢掉大約五

成營收；再者，刪減咖啡品項也可能降低消費者上門的意願，因此對金○的經營來說無異是雪上加霜。

　　一般企業在面臨營業收入下滑時，經常會先採取刪減資本支出的策略。但是，如果是因為企業現金流入不足的話，應該以融資策略因應，而非為了降低成本一味的裁員、停售高營業收入貢獻度的產品。

　　另外，當投資方案在經營或技術遇到無法突破的瓶頸時，適時的撤除資金、裁撤某些單位、處分某些資產或是出售股權，或許是最佳的因應策略。但是，設立停損點通常是管理當局的最痛，因為撤除資金、結束投資方案等於承認過去的決策是錯誤判斷。根據實證資料顯示，出現奇蹟的機率相對比較低，如若能適時覺醒並及時斷腕，才是真正的勇者。

資本結構與公司決策

應用情境 23

　　隨著股東會季節的到來，寰宇公司也召開了股東會。在股東會中，有許多股東對於公司設立投資中心乙事，深表認同；但也有股東提出，公司已經不再是當年的新創公司，對於資本結構是否已經有所確定，各類籌資管道是否已經建立且成熟，提出了許多意見與建議。

　　股東會隔天，董事長心急如焚，找來了財務長以及會計部門主管。坐定後，董事長說道：「昨天有股東提到，我們公司好像有所謂的負債，可是我們公司不是都有賺錢和盈餘，為什麼要向銀行借錢或向外界舉債呢？另外，好像也有股東說，與其向別人借，不如直接向股東借，利息也有彈性空間。這樣講好像也有道理？」財務長喝了一口茶，語氣平和地向董事長做了說明，董事長的眉頭也鬆了，笑容也展開了。猜猜財務長怎麼說？

一、資本結構之定義

　　所謂資本結構乃企業如何配置各類型之資本，一般而言，企業是以負債相關的比率來表達其資本結構。請讀者參閱本書第四章第三節「財務比率分析」之負債權益比（總負債相對於股東權益的比率）及負債占資產比率（總負債占總資產的比率）。

　　舉債對企業來說，可比喻成一把兩面的利刃。舉債的益處是可以使企業以槓桿原理的方式來擴充規模（例如：企業自有資金為新臺幣50元、向外借款新臺幣50元，就能擁有新臺幣100元的資本）；但是，企業如果舉債或負債的比率太高，當面臨景氣蕭條、營運或獲利不佳時，可能無法支付本金及利息，就比較容易發生財務困難。但是，企業的負債比率究竟要多少才算好呢？這個問題似乎沒有標準答案，但卻有一些邏輯可尋。

　　企業經營一定會有負債，但是負債比例會因產業的不同而有所差異，「健康」的負債比例是指企業負債比例不宜超過該行業的合理範圍。一般來說，產業波動較大的高科技公司負債比例宜控制在40%以內，產業波動較小的一般製造業之負債比例，宜控制在60%以內，至於銀行業負債比例在90%以上，也算是正常的。以台積電的財務報表數字為例，該公司2018年底的負債比例是20%，較同業的43%低很多，顯示該公司的財務體質的確強健。

　　接下來，我們將舉例說明公司在不同的負債水準下，其每股盈餘（EPS）與資金成本（Cost of Capital）的變動情形。

（一）舉債與每股盈餘

　　一家公司的營運活動通常會因為景氣的波動、產業市場變動、

客戶需求變化、產品銷售狀況、產能規模擴充、生產技術及研發能力的改變等因素，而採取不同的因應對策，而不同的營運活動經常伴隨著不同額度的資金需求。健康的負債比例是企業的負債比例不宜超過該產業的合理範圍，所以負債比例太高，當然也會提高公司的風險。

應用情境 24

　　寰宇公司常常因為景氣的波動、客戶的需求等因素，而導致公司產品的銷售狀況呈現不同幅度的變動。舉例來說，依據寰宇公司如下之銷售狀況表所示：

單位：新臺幣千元（除每股盈餘元以外）

公司產品銷售狀況	不好	普通	很好
營業收入金額	10,000	20,000	30,000
固定成本	7,000	7,000	7,000
變動成本（占營業收入的25%）	2,500	5,000	7,500
息前稅前營業利益	500	8,000	15,500

　　假設寰宇公司為了掌握市場定價主導權、決定提升研發能力，走在產業的前端；同時也想要讓公司產品擁有強大的銷售通路，來因應景氣及產業市場的波動。但是面對經營策略的改變，將會增加20,000千元的資金缺口，因而公司內部也出現兩種不同的看法：

1. 看法一是以每股面額新臺幣10元向股東募集資金（公司流通在外的總股數為2,000張）。
2. 看法二則認為預計50%對外舉債、另外50%則向股東募集資金（對外舉債金額為新臺幣10,000千元、公司流通在外的總股數為1,000張）。

　　請讀者比較：看法一、二對寰宇公司的每股盈餘有什麼不同的影響呢？

未對外舉債			
公司產品銷售狀況	不好	普通	很好
息前稅前營業利益	500	8,000	15,500
利息費用	0	0	0
所得稅金額（稅率25%）	（125）	（2,000）	（3,875）
稅後淨利	375	6,000	11,625
每股盈餘	0.19	3.00	5.81
（流通在外總股數為2,000張）			
對外舉債（10,000千元）			
息前稅前營業利益	500	8,000	15,500
利息費用（利率8%）	（800）	（800）	（800）
所得稅金額（稅率25%）	75	（1,800）	（3,675）
稅後淨利（損）	（225）	5,400	11,025
每股盈餘	（-0.23）	5.40	11.03
（流通在外總股數為1,000張）			

　　從表中可以看出，如果該公司決定不對外舉債，在產品銷售狀況不好的情況下，每股盈餘為新臺幣0.19元，公司還不至於會陷入困境；但是，如果公司以舉債取得資金的話，每股盈餘則為負的0.23元。公司若無其他的資金來源的話，將因為無法支付利息而破產。

　　反之亦然，在產品銷售狀況很好的情況下，每股盈餘為新臺幣5.81元，如果公司舉債50%的話，因為流通在外總股數減少一半，每股盈餘因而大幅度提高到新臺幣11.03元，表示公司在產品銷售狀況很好的情況，對外舉債反而會比較有利。

（二）舉債與資金成本

　　公司採取不同的舉債水準除了會影響到每股盈餘之外，也會影響公司整體的資金成本。我們仍然以前面所提到的那一家公司來說明，在公司的每股盈餘最高的時候，並不表示加權平均資金成本（Weighted Average Cost of Capital, WACC）一定是最低的。如下表所示：

表11-1　負債比率與加權平均資金成本

負債比率	股東權益比率	EPS	利率	權益成本	WACC
0%	100%	3.00	5.8%	12.0%	12.00%
10%	90%	3.28	6.0%	12.5%	11.70%
20%	80%	3.63	6.5%	13.0%	11.38%
30%	70%	4.07	6.8%	13.5%	10.98%
40%	60%	4.64	7.2%	14.4%	**10.80%**
50%	50%	6.00	8.0%	16.0%	11.00%
60%	40%	6.40	9.8%	18.0%	11.61%
70%	30%	**7.20**	11.5%	21.5%	12.29%
80%	20%	6.60	14.0%	24.5%	13.30%

WACC＝（Ke×We）＋〔Kd（1－t）×Wd〕、所得稅率為25%

　　借款的利率與權益成本（股東權益報酬率或股東期望的報酬率）會隨著負債比率的變化而提高，當負債比率爲70%時，公司的每股盈餘達到最高；但是，當負債比率爲40%時，公司的加權平均資金成本才是最低的狀況。財務管理學家認爲，當企業的加權平均資金成本最低時，對該企業最爲有利。因此，該公司的最適之負債比率爲40%。

二、最適資本結構

　　看過上面的案例之後，讀者或許心中暗想：「看起來，想要算出一家公司的最適之資本結構應該不會太難吧？」但是在實務上，想要精確的計算權益成本（股東權益報酬率或股東期望的報酬率）並不容易，因此，想要算出最適之資本結構眞可謂是知易行難！另一方面，以目前台灣的產業概況來看，投資人通常都會以每股盈餘的高低當作評估一家公司是否值得投資的考量重點，所以一般企業仍然會把每股盈餘極大化當作募集資金的首要目標。

　　台灣半導體之父張忠謀2011年在獲頒「台灣最佳聲望標竿企業獎」的頒獎典禮上，花了數十分鐘暢談企業基本面的重要性。他對於何謂數量化管理、乾淨的資產負債、結構性獲利能力、穩定的現金流量等企業經營的會計精髓，做了精闢的闡述。張忠謀表示：「沒有辦法數量化的東西就無法管理，或者很難管理，所以即使很難予以數量化，也要儘量數量化。」一家卓越的公司必須做到以下三項：

（一）高品質的資產和負債

1. 沒有高估的資產。公司內閒置無用或價值很低的財產，例如呆滯的存貨、收不回的應收帳款、沒有用的設備、已經減損的商譽等等，該沖銷減損的就沖銷或減損，讓財務報表上所顯現的資產都是健康的。以台電為例，如果核四[1]無法商轉，這幾千億的資產就該立刻打掉。

2. 沒有低估的負債。該認列的負債必須及時認列，不可以漏列或低估。較佳的處理做法是，當企業發生難以估計的負債時，必須在財報中詳細說明，讓投資人可以從會計師的查核報告中看出端倪。

3. 健康的負債比率。您是否想過以下問題：

   (1)傳統產業、零售業、貿易商或是建築業，哪一種產業的負債比率比較高呢？

   (2)負債比率高的公司是否表示風險一定比較高呢？

   (3)為什麼航空業的負債比率都非常的高呢？為什麼高科技產業都普遍比較低呢？

   企業經營一定會有負債，但是負債比例會因產業的不同有所差異，「健康」的負債比例是指企業負債比例不宜超過該行業的合理範圍。

4. 乾淨的資產負債表。所謂乾淨的資產都是為了營運所需，沒有太多無法使用或利用率低的不動產、廠房及設備，同時也沒有難以估計的負債。

---

1 由台灣電力公司興建營運，為台灣第四座核能發電廠，故原名第四核能發電廠，2009年3月3日改為現名，其原名簡稱「核四」或「核四廠」較為常用。廠址規劃可供6部核能發電機組使用，現有2部發電量各1,350百萬瓦特（MW）之進步型沸水式反應爐（ABWR），該型反應爐為奇異公司與日立（奇異日立核能）合作設計日立製造之第三代核反應爐，為日本以外第一個使用該反應爐設計的核能發電廠。

（二）具備結構性獲利能力

對投資人而言，EPS最重要，因為EPS和股價的關係密切。但是就大股東和董事會而言，ROE會比EPS更加重要。

1. 獲利成長率要高於營業收入成長率。企業的成長並非只是營業收入的成長，還要追求其附加價值的成長。假設營收成長了5%，獲利成長一定要超過5%，如果獲利成長沒有達到5%，就表示營收成長可能是因為產品被迫降價促銷而損及毛利，也可能是被成本及費用的增長給吃掉了，這樣的成長對公司反而是不健康的。

2. 營業費用與獲利結構要平衡。營業費用主要由「推銷」、「管理」及「研發」三個費用子科目組合而成，隨著產業的不同，這三個科目的配比也不同。如果財務報表上的推銷費用成長幅度一直都非常高，則間接顯示公司的產品銷售量是靠大量的促銷活動所創造出來的，成長將無法永續。而管理費用，大多是由企業自主掌控的，如果管理費用增加太快，往往表示公司的管理能力不夠到位。至於研發費用多寡則必須要有策略性思維，與公司長期的發展結合。研發費用代表的是投資未來的力度，必須被高度重視，但也不能為了研發而研發導致現有股東利益受損。所以，企業可依照產業特性或公司政策，設定營收的一定比例作為研發費用，並持之以恆。例如Alphabet[2]（Google的母公司）每年研發支出占營收比重約在15%到16%之間；台積電公司過去10年來每年研發支出占營收比重約在9%到10%之間。

2　2015年8月10日，賴利‧佩吉在Google公司的部落格上，宣布成立Alphabet公司。他在公開信中描述了該公司：什麼是Alphabet？Alphabet可以說是包含一系列的公司。最大的一家當然是Google。新的Google更加苗條，其他離網際網路產品較遠的公司將被納入Alphabet。總而言之，我們相信這能帶來更多的管理規模，與網際網路不太相關的專案現在可以獨立運作了。

3. 損益平衡點[3]必須控制在低點，損益平衡點越低越好是指企業在經營時，應該提高變動費用的比例，降低固定費用的比例。這樣的話，即使景氣不好，營運活動大幅下降時，變動費用比重較高的企業，其成本與費用支出可以更快速的降低，讓企業在經營上更具有靈活度，以順利渡過不景氣。

4. 良好的獲利能力與內部籌資能力，除了良好的獲利能力之外，內部籌資能力很重要。所謂內部籌資能力，指的是企業必須能夠從營業活動中，產生足以讓企業從事投資及發放股利的現金流量。

（三）要有持續穩定的現金流入

是指公司營業活動要有穩定的現金流入，以便支應相關的投資活動與籌資活動。以台積電爲例，其2018年投入新臺幣3,000多億元購買設備支出（投資活動），並發放給股東新臺幣2,000多億元的股利（籌資活動），因此台積電的營業活動必須賺取超過新臺幣5,000億元的現金，才能應付這些必要的現金流出。

很多台商到香港掛牌，股價都很低，台商們不解爲什麼公司這麼賺錢，但是在港股卻不受青睞呢？追究其原因有二：其一是因爲台商的規模普遍較小，在港股較不受重視；其二就是港股市場很注重公司是否有現金流入，可以穩定發放股利，這也是港股推崇房地產業和金融業的原因。

3　損益平衡點又稱爲損益兩平點。是企業經營時，如果在不賺也不賠的情況下稱之爲損益平衡點。損益平衡點，可用來作爲衡量企業經營成敗之指標，亦可用來決定生產數量，在財務管理中甚爲重要。

三、資本結構理論

應用情境 25

　　經過多年的歷練，寰宇公司經營團隊在董事長的領導之下，不論是在日常營運、人事管理、採購議價、產業市場分析，甚至於投資決策評估，都慢慢地漸入佳境了。

　　某日，財務長受邀到M大學演講，獲得熱烈的迴響。在Q&A時間，有同學提問：

▶「請問財務長，貴公司認為市場有完美的可能嗎？」

▶「另外想請教您，貴公司在融資方面有一定的順序嗎？能否套用到所有類型的公司？」

　　這二個問題看似簡單，但財務長卻花了許多時間回答。如果是您，您會如何回答呢？

（一）完美市場假說

　　MM理論是莫迪格利安尼（Modigliani）和默頓米勒（Miller）[4]所建立的「資本結構無關假說」，即公司資本結構與市場價值不相干模型的簡稱，基本假設簡述如下：

4　兩位學者分別於1985與1990獲得諾貝爾經濟學獎。美國經濟學家莫迪格利安尼（Modigliani）和米勒（Miller）於1958年發表的《資本成本、公司財務和投資管理》一書中，提出了最初的MM理論，這時的MM理論不考慮所得稅的影響，得出的結論為企業的總價值不受資本結構的影響。此後，又對該理論做出了修正，加入了所得稅的因素，由此而得出的結論為：企業的資本結構影響企業的總價值，負債經營將為公司帶來稅收節約效應。該理論為研究資本結構問題提供了一個有用的起點和分析框架。

1. 資本市場是完善的，也就是說沒有資訊不對稱的情況。
2. 信息是充分的、完全的，不存在交易費用和代理成本。
3. 任何一種證券均可無限分割。投資者是理性經濟人，以收益最大化為投資目標。
4. 所有債務都是無風險的、個人和機構都可按照無風險利率無限量地借入資金、不存在公司所得稅。

　　但是在真實的市場上，完美市場假說中的摩擦是存在的，因此許多財務管理學家相信資本結構與公司的市場價值是息息相關。不過，MM理論只是學術上的推論，因為在完美市場的假設之下，並無任何的錯誤。

（二）完美市場與公司所得稅

　　MM在提出「資本結構無關假說」後不久，另外發表一篇論文[5]，對原先之完美市場假說加以補述。認為在完美市場中加入公司所得稅之後，當公司的負債越高，利息費用也會隨之提高，可以節稅的金額也越多，意即舉債可以享有稅盾[6]（Tax Shields）所帶來的好處。

　　從下表可以看出來，在完美市場假說，如果公司不舉債，當期的現金流量為新臺幣6,000（千元）；在舉債之後，現金流量提高到新臺幣6,200千元（5,400＋800），每股盈餘也因為流通在外總股數減少（從2,000股減少至1,000股）而提高（從新臺幣3.0提高至新臺幣5.4）。在完美市場中，所有債務都是無風險的，所以當負債比率為100%，公司的價值最大。

5　有興趣的讀者可以參閱Modigliani, F. and Miller, M.H. (1963). Corporate Income Taxes and the Cost of Capital: A Correction. American Economic Review, 53, 433-443.

6　稅盾（Tax Shield）是指，經由將免稅額從應稅收入中扣除，產生降低所得稅的效應。例如：債務利息是免稅支出，所以負債會產生稅盾。它是商業價值評估重要的一環，因為稅盾會節省現金流。

單位：新臺幣千元（除每股盈餘元以外）

	未舉債	舉債
利率8%	0	10,000
股東權益（面額新臺幣10元）	20,000	10,000
流通在外總股數	2,000	1,000
營業收入金額	20,000	20,000
固定成本	（12,000）	（12,000）
息稅前營業利益	8,000	8,000
利息費用	0	（800）
稅前淨利	8,000	7,200
所得稅金額（稅率25%）	（2,000）	（1,800）
稅後淨利	6,000	5,400
每股盈餘	3.00	5.40

← 舉債利息費用稅盾
800×25%

（三）融資順位理論

　　實證資料顯示，公司對資金的偏好依序為「內部融資（內部資金）、外部融資（對外舉債）」、「間接融資、直接融資」、「債券融資、發行股票」，財務管理學上將這樣的現象稱為融資順位理論（The Pecking Order Theory）[7]。

7　美國經濟學家梅耶（Mayer）很早就提出了著名的啄食順序原則：內部融資、外部融資、間接融資、直接融資、債券融資、股票融資。當公司要為自己的新項目進行融資時，將優先考慮使用內部的盈餘，其次是採用債券融資，最後才考慮股權融資。也就是說，內部融資優於外部債權融資，外部債權融資優於外部股權融資。所以從本質上說，Pecking Order理論認為存在一個可以使公司價值最大化（公司發行的股票和債券的價值最大化）的最優資本結構，並且以對不同性質的資本進行排序的方式，給出了決策者應當遵循的行為模式。正因為Pecking Order理論是關於資本結構優化的理論，所以支持或反駁Pecking Order理論的討論，都是在現代公司金融中的資本結構理論的背景框架下進行的。

　　採取融資順位理論的公司也會隨投資資金需求的多寡及股利發放政策的不同而有所變動，因此，其負債比率通常不會固定不變。在實務上，仍有不少人相信公司對資金來源的偏好與上述的融資順位相去不遠，原因大致可以歸納如下：

1. 成本考量：就資金成本來看，從最低至最高依序為內部資金、舉債及發行股票，而且發行股票還會稀釋股權及盈餘。

2. 便利性考量：來自保留盈餘的資金不僅不必支付股利與利息費用、還可免除股票公開發行的繁雜手續，更不需要受到主管機關的監督。

3. 資訊透明考量：股票公開發行之後，必須按規定對外公告營業收入、重大訊息及其他董監事酬金及持股比率等資訊。

　　接著，我們要為讀者介紹的是「間接融資」與「直接融資」之間的差異：

1. 間接融資：所謂「間接」融資，顧名思義就是資金的供需雙方必須透過金融中介機構、以間接方式完成資金的借貸。金融中介機構支付利息給資金的供給者吸收資金，並將吸收的資金貸放給資金需求者以賺取利息，就在賺取利潤的過程中，提供了資金供需者之間的橋梁。

2. 直接融資：而「直接」融資，即資金的需求者透過發行債券或股票的方式直接向資金供給者籌措資金。

　　另外，發行債券或是（普通股）股票，此二者之間究竟有什麼分別呢？

1. 發行債券的優點

⑴發行成本低。

⑵利息費用可以節稅。

⑶發行公司可以保有控制權，即可避免股權分散。

⑷改善財務結構，改善企業之流動比率。

2. 發行債券的缺點

⑴發行債券契約限制多。

⑵固定利息費用負擔。

⑶到期日除利息費用之外，尚需償還本金。

3. 發行股票的優點

⑴無固定的利息費用負擔。

⑵無固定的到期日。

⑶當股權提高時，同時也可以提高對外舉債的擔保。

4. 發行股票的缺點

⑴發行成本高。

⑵原股東的股權會被稀釋。

⑶股票股利無法節稅。

四、資本結構與公司決策

　　台積電董事長張忠謀表示，自公司創立以來，凡事都以成為「客戶可長期倚賴的夥伴」出發，這種可以「為客戶赴湯蹈火」的企業文化，正是該公司購併德碁、世大的最大動力來源。回顧1999年初開始，半導體景氣從谷底翻揚，客戶對產能的需求不斷增加，為了落實「虛擬晶圓廠」[8]中最具彈性產能的理念，雖然投下了上

8　所謂虛擬晶圓廠，是指台積電建置資訊平台，客戶可以透過網際網路連結到台積電內部網路；台積電與策略伙伴日月光等封測業者，也連結成資訊共享的網路。500多家的台積電客戶透過「TSMC-Online」資訊平台，可以立刻追蹤到晶片的生產進度與良率的分析，協助客

千億元資金，積極擴建新廠、增設最先進的製程設備，仍然無法滿足客戶急遽成長的產能需求。因此，才在1999年底及2000年初先後決定購併德碁及世大二家公司，藉著台積經驗的導入及加成效果[9]的實現，在最短的時間內加速擴充產能，來為客戶提供「及時雨」式的服務。在半導體產業景氣高峰時候，以購併的方式來大幅提升產能，進而為客戶提供最及時的服務，成本雖然高了一些，但這的確是台積公司為客戶創造最大價值服務願景的實踐。而這也是台積願意對客戶的承諾「不計代價，全力以赴」的具體表現。這樣的努力，除了已經深深的烙印在客戶的印象深處外，整個購併也使得台積公司能夠大幅提升領先競爭者的距離，更加確保了該公司在全球專業晶圓製造服務市場的領導地位。

雖然對大股東和董事會而言，ROE會比EPS還來得重要，但是對廣大的投資人來說EPS最重要，因為EPS和股價的關係最為密切。

由此可見，公司經營的策略往往會影響到其營業成本、營業費用、利潤分配與財務及資本結構。以蘋果公司為例，它每年都會與其供應鏈廠商重新議價，透過比價來砍價，而無法掌握市場定價權正是台灣供應商最常面臨的困境。一般來說，企業欲掌握市場定價

戶降低生產成本與縮短產品上市時程，虛擬晶圓廠就像是自己的晶圓製造廠一般，對於IC設計公司而言，實在是一大福音。從1997年，台積電董事長張忠謀就開始思索，如何帶領台積電由製造業轉型到高附加價值的服務業，於是提出虛擬晶圓廠（Virtual Fab）概念，透過網路，把晶圓廠搬到IC設計客戶的後院。虛擬晶圓廠成為台積電獨霸晶圓代工龍頭的重大策略。

9　加成效果又稱綜效（synergy）加乘性、協助作用（synergism）、協助效應、協同作用或加成作用、加乘作用，指「一加一大於二」的效應。例如商業環境，市場或企業併購或合併，有可能產生互補不足，雙劍合璧的綜效。

權的前提有二，一是研發能力強，走在產業前端，例如大立光就是因為掌握了技術上的優勢，即便蘋果也必須「屈服」；二是產品具有強大的品牌或銷售通路（如統一超商）。企業如果具有這兩項優勢，方能輕易地維持穩定的毛利率。

相信讀者應該已經瞭解：因為稅盾，舉債比例提高會增加公司的避稅效果且舉債比例提高，表示管理當局看好公司未來的營運，亦即預期盈餘提高的可能性提升；減少流通在外總股數，即使利息費用提高會降低盈餘，但是公司的每股盈餘通常也會因而提高；此外，公司流通在外總股數減少將使得股權結構較為集中，有助於減少董事會的歧見，因而也會提升公司決策的效率。

財務管理與企業併購

応用情境 26

　　寰宇公司在上市後，持續精進本業，不僅在資本市場上擁有好成績，在業界也獲得好名聲。伴隨科技時代的來臨，如何讓公司的行銷能夠結合科技，成為未來的關鍵所在。在經過多年的對象刪選後，發現Wisdom公司擁有數據蒐集分析並導引入數位行銷的關鍵技術，對於寰宇公司未來的發展實有助益。公司高層對此有主張可以合併該公司，也有主張得以收購該公司者，究竟哪一種方式對於公司最有幫助？倘若併購進行順利，對於公司的財務與會計是否也會產生影響？

一、企業併購的動機與需求

　　隨著追求規模經濟的理念與競爭效率的需求日益增加，加上全球分工布局的更新，企業經營也開啟了嶄新的思維。如何在群雄並起的競爭中獲得突破性發展，併購（Mergers and Acquisitions, M&A）是近年來常見的選項。然而，一家企業在專注其本業經營之餘，為何會開啟併購的想法？而一旦有進行併購的需求時，該如何進行？

　　所謂併購，依企業併購法的規定，是指股份有限公司的合併、收購與分割（企業併購法第4條第1、2款）。而企業之所以會產生併購的想法，在於經營綜效（synergy）的追求。如果更仔細的深究，又可將進行併購的理由細分為以下常見的幾項動機：㈠規模經

濟（economics of scale）的需求：希望能以較低的成本，來提供更多的服務，透過併購的方式是達成此目標的方式之一；㈡擴增行銷通路：有時因為原企業的據點或通路不足，導致產品或服務的推出產生滯礙，為了擴增行銷的通路，併購方式也是一種選擇；㈢促進業務的完整：企業所提供的業務內容不可能鉅細靡遺且面面俱到，因此如果認為企業組織中欠缺某項業務，而此業務至關重要，透過併購也是補足業務完整性的一種方式；㈣技術或資產之取得：有時候為了取得其他企業的技術（如智慧財產權）或資產（如土地、廠房），企業也可能透過併購的方式加以取得；㈤租稅規劃：在許多外國企業併購的案例中，可以發現其併購活動的進行，常有一重要目的存在，那就是基於租稅的考量，亦即透過併購的方式享受租稅方面的優惠，而此等優惠就是進行併購活動的誘因。

值得注意的是，所謂的企業收購（Buy-outs）與企業併購常使人產生混淆，其實不難區分，因為前者的收購活動必然牽涉到企業控制權的移轉，而所謂企業併購則不論是否涉及控制權的移動均屬之，因此在定義上較前者為廣。一項成功的併購活動，不僅可以提升綜效、節省生產成本、獲取較高利潤，同時也可提高該企業的市場占有率，並擴大其事業版圖。然而，在進行併購後所產生的具體結果，則是企業組織的改造，而此項組織改造所伴隨的風險其實頗高。為了使併購能夠獲得「一加一大於二」的成效，同時也讓併購活動的風險降至最低，除了應審慎理解法律的適用外，併購案的財務策略規劃更不容或缺。

就台灣市場而言，早期的併購案，其併購目的是擴大產能及擴大業務規模，如早年因半導體景氣大好，在建廠緩不濟急的情況下，接收其他廠房為拓展產能的最快方式，因此台積電併購德碁和

世大，聯電的五合一，使其產能足以接下市場所需之訂單。此外，台灣企業在全球化的浪潮下也開始追求海外市場的開拓，跨國併購亦時有所聞，如明基併購德國西門子手機部門，宏基併購美國個人電腦大廠Gateway等均屬之。再者，為加速跨入其他產業速度並壯大企業自身營收，併購也成了許多電子大廠達成目標的最佳手段，如鴻海集團的本業是連接器的製造，然結合製造光碟機的廣宇與製造印刷電路板和監視器的華虹及華升進行策略聯盟後，成功轉型為準系統廠，此外陸續併購國基電子及普立爾，順利跨入網通設備及數位相機領域，都可謂是企業多角化經營策略的體現，藉由擴大經濟規模的優勢，追求整體集團企業獲利的成長。

　　依企併法第5條規定：「公司進行併購時，董事會應為公司之最大利益行之，並應以善良管理人之注意，處理併購事宜（第1項）。公司董事會違反法令、章程或股東會決議處理併購事宜，致公司受有損害時，參與決議之董事，對公司應負賠償之責。但經表示異議之董事，有紀錄或書面聲明可證者，免其責任（第2項）。公司進行併購時，公司董事就併購交易有自身利害關係時，應向董事會及股東會說明其自身利害關係之重要內容及贊成或反對併購決議之理由（第3項）。」在這條條文中，明文規範了企業併購過程中董事會的善良管理人注意義務、損害賠償義務以及利害關係說明義務，目的是要為公司的股東們把關。此外，為確保併購的內容適理且合法，在2004年更修訂第6條條文謂：「公開發行股票之公司於召開董事會決議併購事項前，應設置特別委員會，就本次併購計畫與交易之公平性、合理性進行審議，並將審議結果提報董事會及股東會。但本法規定無須召開股東會決議併購事項者，得不提報股東會（第1項）。前項規定，於公司依證券交易法設有審計委員會

者，由審計委員會行之；其辦理本條之審議事項，依證券交易法有
關審計委員會決議事項之規定辦理（第2項）。特別委員會或審計
委員會進行審議時，應委請獨立專家協助就換股比例或配發股東
之現金或其他財產之合理性提供意見（第3項）。特別委員會之組
成、資格、審議方法與獨立專家之資格條件、獨立性之認定、選任
方式及其他相關事項之辦法，由證券主管機關定之（第4項）。」
透過特別委員會（或審計委員會）以及獨立專家的介入，期望讓併
購的進行更趨合理且公平，利己且利他。

二、企業併購之重要規範——類型與條件

在實務上常聽到的「併購」一詞，常讓人以為是指合併與收購
而已，事實上，在企業併購法（以下簡稱「企併法」）中，併購是
指公司的合併、收購及分割（企併法第4條第2款）。此外，合併將
涉及法人格的變動（創設或消滅），但收購是指股份或資產的受讓
或買取，不涉及法人格的調整，這是首先必須釐清的。

（一）合併（Merger）

所謂的合併，依企併法第4條第3款的規定，是指依企併法或其
他法律規定參與的公司全部消滅，由新成立的公司概括承受消滅公
司的全部權利義務；或參與的其中一公司存續，由存續公司概括承
受消滅公司的全部權利義務，並以存續或新設公司的股份、或其他
公司的股份、現金或其他財產作為對價之行為。在企併法中設計的
合併模式，基本上可分為一般合併、非對稱式合併與簡易合併等三
種。

1. 一般合併

在一般的合併情形中，除法令或章程另有規定外，企業如果想要進行合併，可以由代表已發行股份總數三分之二以上的股東出席股東會，並以出席股東表決權過半數的同意為之。而如果進行合併的公司是公開發行股票的公司，而出席股東的股份總數不足前述定額時，得以有代表已發行股份總數過半數的股東的出席，出席股東表決權三分之二以上的同意行之。另有鑑於章程的優先性，因此如果章程中對於前開出席股東股份總數與表決數，有較高的規定時，自應依章程的規定為之（企併法第18條第1、2、3項參看）。此項規定與公司法第316第1項至第3項的規定相仿，立法目的在鼓勵合併，同時也與外國的立法例較為相近。

2. 非對稱式合併

假使二家想要進行合併的公司，他們的資本額相當，自應依循法定的股東會決議比例通過合併事項；但是，如果這二家公司的資本額顯然不相當，而呈現出非對稱的狀況時，是否仍要貫徹股東會決議之規定，才能進行合併？如此一來是否過於耗時費工？

企併法基於經濟效益的考量，同時參酌其他先進國家的立法例，以簡化合併程序，在企併法第18條第6項中規定，如果存續公司為合併所發行的新股，未超過存續公司已發行有表決權股份總數20%，且交付消滅公司股東的現金或財產價值總額未超過存續公司淨值的2%時，二家公司得作成合併契約，經存續公司董事會以三分之二以上董事出席及出席董事過半數之決議行之即可，而不再適用一般合併中必經的股東會決議方式。但是，如果與存續公司合併後的消滅公司，其資產有不足抵償負債的可能時，將構成例外，也就是不能適用此種非對稱式的合併方式。

3. 簡易合併

如果一家公司打算合併其持有90%以上已發行股份的子公司時，是否也要確實執行股東會的召開與決議，方能進行合併？答案應該是否定的，理由無他，同樣是基於經濟效益的考量，因此企業進行併購時應得有所變通。

換言之，在這種情形，企併法規定這二家公司，得以在作成合併契約後，經各公司的董事會以三分之二以上董事出席及出席董事過半數的決議行之即可。而子公司的董事會在決議後，應於10日內公告決議內容及合併契約書應記載事項，並通知子公司的股東可在限定期間（不得少於30天）內以書面提出異議，請求公司按當時的公平價格收買其所持有的股份，以保障自己的權益（企併法第19條第1項至第3項參看）。

（二）收購（Acquisition）

企併法中所稱的「收購」，是指公司依企併法、公司法、證券交易法、金融機構合併法或金融控股公司法之規定取得他公司的股份、營業或財產，並以股份、現金或其他財產作為對價的行為（企併法第4條第4款）。收購的種類依企併法的規定，可以區分為概括承受、概括讓與、營業讓與、營業受讓及股份轉換等多種型態。

舉例來說，當甲公司想對乙公司進行併購時，除了可以經由洽商後訂定合併契約，以合併的方式達成併購目的外，收購乙公司的營業或財產，或由乙公司讓與其營業或財產，同樣也能達成目的。以收購營業或財產的方式進行併購的機制，企併法第27條即設有明文規定。從此項規定可知，公司可以由股東會代表已發行股份總數三分之二以上股東的出席，以出席股東表決權過半數的同意，概括

承受或概括讓與，或依公司法第185條第1項第2款或第3款讓與或受讓他公司的營業或財產，達成收購目的。如果公司是公開發行股票的公司，而出席股東的股份總數不足前述定額時，得以有代表已發行股份總數過半數的股東的出席，出席股東表決權三分之二以上的同意行之（企併法第27條第1、2項參看）。而本國公司與外國公司以此方式進行收購者，也準用前開規定（企併法第27條第4項）。須注意者，依企併法依第27條第4項規定，公司與外國公司依公司法第185條第2項第2款或第3款讓與或受讓營業或財產，或以概括承受或概括讓與方式為收購者，準用前3項及第21條規定。

　　至於所謂的概括承受或概括讓與，是援用民法的概念，而所稱「公司法第185條第1項第2款或第3款」的規定，指的便是公司「讓與全部或主要部分之營業財產」以及「受讓他人全部營業或財產，對公司營運有重大影響」二種情形。不論是概括承受或讓與營業或財產，還是讓與或受讓全部或主要部分的營業或財產，都是企併法所承認的收購方式。透過此方式所產生的法律效果，在債權讓與方面，得以公告方式代替債權讓與的通知，在債務承擔方面，則毋庸再經債權人的承認，即可生效（企併法第27條第1項後段）。此種規定主要考量的是，如果債權的成立必須依照民法第297條的規定向個別債務人進行通知，或債務的承擔必須依第301條的規定應經債權人承認，才會發生效力，則將造成併購的過程過於繁複而冗長，有違企併法所要追求的經濟效益。因此，在企併法的設計中，債權讓與的通知可以公告方式代之，而承擔債務時也不再需要債權人的承認。當然，不論是概括承受、概括讓與或依公司法的規定讓與或受讓營業或財產，所取得的對價必須是股份、現金或其他財產。

此外，股份轉換（share swap）也是收購的型態之一。所謂股份轉換在企併法第4條第5款的定義是「指公司經股東會決議，讓與全部已發行股份予他公司作爲對價，以繳足公司股東承購他公司所發行之新股或發起設立所需之股款之行爲」。簡單地說，公司縱使不是股份的持有者，但卻可以透過股東會的特別決議，將沒有提出異議的股東所持有的股份，概括地轉讓給預定成爲母公司的另一家公司，這家公司可以是既存公司也可以是新設公司。等到轉讓完畢後，再以轉讓股份作爲原公司股東的現物出資，繳足原公司股東用以承購預定作爲母公司之公司所發行的股款，達成和一般收購相同的效果。

要提醒大家的是，現金收購是單純所有權轉換，只有收購公司需承擔合併後預期綜效的潛在價值與風險。然而，如果採取股份轉換方式進行併購，因雙方皆擁有一定比例新公司股票，就必須按比例共同承擔合併後預期綜效的潛在價值與風險。

（三）分割

企併法關於分割的定義，是指公司依企業併購法或其他法律的規定，將其得獨立營運的一部或全部之營業，讓與既存或新設的他公司，作爲既存公司或新設公司發行新股予該公司或該公司股東對價之行爲（企併法第4條第6款）。而依上述定義，可以發現分割的標的爲「得獨立營運之一部或全部營業」，至於何謂「獨立營運」？經濟部的解釋認爲，所謂獨立營運要如何判斷，必須看該營業是否屬於「經濟上成爲一整體的獨立營運部門之營業」，而不問其於分割前是否有對外營業的行爲（經濟部92年1月22日經商字第09202012500號函）。實務上採用分割制度進行併購的案例，最著

名者首推宏碁集團分割案，該集團為提升整體績效，將原隸屬同一公司的代工業務部門與自有品牌業務部門加以區隔，成功地強化了集團的競爭力。

　　但是，由於公司的分割將對股東權益造成重大影響，因此是否進行分割，必須由公司的最高意思決定機關即股東會進行決議。企併法仿傚公司法的規定，也同樣對於股東會的決議設置特別決議的門檻。換言之，公司打算進行分割時，董事會應該就分割有關事項，作成分割計畫，提出於股東會。而股東會對於公司分割的決議，應有代表已發行股份總數三分之二以上股東的出席，以出席股東表決權過半數的同意行之。如果公司是公開發行股票的公司，而出席股東的股份總數不足前述定額時，得以有代表已發行股份總數過半數的股東的出席，出席股東表決權三分之二以上的同意行之。前二項出席股東股份總數及表決權數，章程有較高之規定者，則依章程之規定（企併法第35條第1項至第4項參看）。再者，企業併購法所規範的公司一旦進行分割，其存續公司或新設公司均以股份有限公司為限。

　　至於分割的種類，依企併法的規定，一般可區分為「吸收分割」與「新設分割」。所謂吸收分割，是指將公司營業分割的同時，將被分割的一部分營業合併到其他公司之分割方式；而所謂新設分割，是指被分割的公司將其部分營業部門的財產（包含資產及負債）成立新設的公司，如果新設公司產生後，原來的被分割公司仍存續，則稱為存續分割，如果各部分營業分割後產生二家以上的新設公司，而原被分割公司已經消滅，則稱之為消滅分割。在企併法的規定中，肯定吸收分割與新設分割的態樣。經濟部於所發布的函釋中，也認為公司的分割，並不限於單一公司的分割，由數家公

司分割其獨立營運之一部或全部，成立一家新設公司，尚無不可
（經濟部94年7月27日經商字第09402099170號函）。另外，應注意
的是，通說均認為吸收分割與新設分割二種模式可以同時存在併
行。

（四）企業併購的流程

　　一件併購案的進行，是由不同環節以及縝密的階段聯結而成，
包括了事前的準備工作，以及正式的洽商流程。首先，必須選定進
行併購的對象。在併購對象的選定過程中，企業必須秉持前述的需
求原則，並反覆思量併購的動機、併購的成本以及併購所可能帶來
的風險等問題，再針對眾多併購對象加以選定。

　　緊接著，一旦選定併購對象，雙方便可以進行交涉，並達成
基本的合意。此時，併購公司與目標公司間，將會針對併購案的
基本架構、財務狀況以及併購成本的預估範圍等事項，進行意見
的交換與協商，直到雙方達成共識後，即可將彼此達成的基本合
意，行諸於文字，而以意向書（Letter of Intent, LOI）或備忘錄
（Memorandum of Understanding, MOU）的形式表達進一步簽約
的合意。有時候，雙方也會視情況簽訂保密協定（Non-Disclosure
Agreement, NDA），以防止併購消息提早公開。

　　再者，為了確保併購進行過程的各環節均屬合法妥當，併購
雙方通常會履行所謂的查核（Due Diligence）程序，針對彼此的財
務、業務及法務等層面，進行分析、審查與評鑑，以避免忽略了潛
藏的問題。此外，為了貫徹追求全體股東最大利益的理念，並克盡
善良管理人的注意義務，無論在達成初步合意的前階段或後階段，
均有必要對於目標公司以及併購實益進行價值評估，也助於釐清未

來對價的談判區間。在此諸過程後，併購雙方便會開始研擬併購契約，並正式簽約。但在簽約後，並非即能宣告併購活動結束，之後併購雙方更必須努力整合彼此間的各項資源，使企業併購的綜效得以發揮。簡單來說，有以下幾個步驟：

1. 訂定策略。
2. 尋求適合標的。
3. 初步比較評估。
4. 與標的公司進行協商。
5. 與標的公司簽訂保密合約。
6. 對標的公司進行查核（Due diligence）。
7. 簽訂併購合約（Definitive agreement）。

三、企業併購的稅賦處理

應用情境 27

　　寰宇公司在嚴謹的評估過程後，與Wisdom公司達成合意，決定以合併的方式進行併購；雙方合意以寰宇公司為存續公司，Wisdom公司成為消滅公司。由於Wisdom公司為科技公司，近幾年享有政府所給予的租稅優惠，但寰宇公司的本業在貿易服務類別，可否因為合併而繼續享有該項租稅優惠？此外，Wisdom公司雖然擁有優秀技術，但於合併基準日時仍屬虧損狀態，部分董事對此提出質疑，主要考量股東會時，是否會因此而無法得到股東們的支持，導致合併破局？

　　承前所述，公司的合併，依企併法第4條第3款的規定，是指參與的公司全部消滅，由新成立的公司概括承受消滅公司的全部權利義務；或參與的其中一公司存續，由存續公司概括承受消滅公司的全部權利義務，並以存續或新設公司的股份、或其他公司的股份、現金或其他財產作為對價之行為。既然是概括承受全部的權利義務，消滅公司所享有的租稅優惠是否也一併承受呢？

　　依企併法第42條第1項的規定：「公司進行合併、分割或依第二十七條及第二十八條規定收購，合併後存續或新設公司、分割後既存或新設公司、收購公司得分別繼續承受合併消滅公司、被分割公司或被收購公司於併購前就併購之財產或營業部分依相關法律規定已享有而尚未屆滿或尚未抵減之租稅獎勵。但適用免徵營利事業所得稅之獎勵者，應繼續生產合併消滅公司、被分割公司或被收購公司於併購前受獎勵之產品或提供受獎勵之勞務，且以合併後存續或新設之公司、分割後新設或既存公司、收購公司中，屬消滅公司、被分割公司或被收購公司原受獎勵且獨立生產之產品或提供之勞務部分計算之所得額為限；適用投資抵減獎勵者，以合併後存續或新設公司、分割後新設或既存公司、收購公司中，屬合併消滅公司、被分割公司或被收購公司部分計算之應納稅額為限。」透過此項規定可知，合併後的存續公司可以繼續承受消滅公司於併購前就併購之財產或營業部分依相關法律規定已享有而尚未屆滿或尚未抵減之租稅獎勵，但是如果是屬於免徵營利事業所得稅的獎勵，則必須同時注意「但書」的規定，亦即「應繼續生產合併消滅公司於併購前受獎勵之產品或提供受獎勵之勞務，且以合併後存續公司中，屬消滅公司原受獎勵且獨立生產之產品或提供之勞務部分計算之所得額為限」，也就是受獎勵的範疇以及計算所得額部分均需延續原

有的內容。此外，依此項規定得由公司繼續承受的租稅優惠，若應符合相關法令規定的獎勵條件及標準者，公司於繼受後仍應符合同一獎勵條件及標準（企併法第42條第2項）。

　　此外，為促進公司合理經營，企併法第43條第1項也規定，公司合併，其虧損及申報扣除年度，會計帳冊簿據完備，均使用所得稅法第77條所稱的藍色申報書或經會計師查核簽證，且如期辦理申報並繳納所得稅額者，合併後存續或新設公司於辦理營利事業所得稅結算申報時，得將各該參與合併之公司於合併前，依所得稅法第39條規定得扣除各期虧損，按各該公司股東因合併而持有合併後存續或新設公司股權之比例計算之金額，自虧損發生年度起10年內從當年度純益額中扣除。

　　企業併購對於公司的發展而言，是一項挑戰，但也是新的里程碑。寰宇公司從初創期走到成熟期，也邁入資本市場成為一員，並且透過併購方式擴大事業版圖，誠屬可喜。雖然在發展過程中偶有風雨，但也能夠步步為營，迎向海闊天空。

財務管理與
無形資產評價

一、無形資產對企業之重要性

近20多年來，智慧資本已經逐漸地躍居為大型企業領先的資產類別。「智慧資本」通常是指傳統的智慧財產（Intellectual Property），或稱為知識產權，包含商標與貿易名稱、專利、著作權及營業秘密。雖然各國都有立法保護，但是智慧財產的種類、範圍及保護方式並不相同。目前台灣關於智慧財產權的法律有商標法、專利法、著作權法、營業秘密法及積體電路電路布局保護法。

美國一家著名的智慧財產商業銀行Ocean Tomo[1]對「智慧資本」的定義還特別包括了特殊的無形資產，如圖13-1之S&P 500市值組成的評估所示，尤其是在評估S&P 500[2]大型上市企業的市場價值時，我們可以看到Intelligent Capital Equity的價值，可謂是逐步、顯著地增長。從1995年至2015年間，無形資產市場價值的占比從68%增至84%。2020年7月，Ocean Tomo發布了年度無形資產市值（IAMV）更新研究報告，調查COVID-19所衍生的經濟影響，研究發現COVID-19加速了無形資產市場價值占比的增長趨勢，目前無形資產市場價值占S&P 500市值已攀升至90%。

智慧財產或是其他無形資產的外在價值不單單只是獲取專利證照件數的多寡，而是與整體的市場變化息息相關。販售獲證的專

---

1 Ocean Tomo是一家智慧財產商業銀行，提供金融產品和服務，包括專家證詞、評估、研究、評價等投資、風險管理和交易。他們的總部位於美國伊利諾伊州芝加哥，並在格林威治，舊金山和休斯頓設有辦事處。

2 S&P 500，標準普爾500，簡稱標普500或史坦普500，是一個由1957年起記錄美國股市的平均紀錄，觀察範圍達美國的500家上市公司。標準普爾500指數由標準普爾道瓊指數開發並繼續維持。標準普爾500指數裡的500家公司都是在美國股市的兩大股票交易市場，紐約證券交易所和美國全國證券業協會行情自動傳報系統中有多個交易的公司。

利、獨家技術或是授權甚至於與其他企業合併，這些問題都牽涉到該項智慧財產或是無形資產背後所隱藏的附加價值。

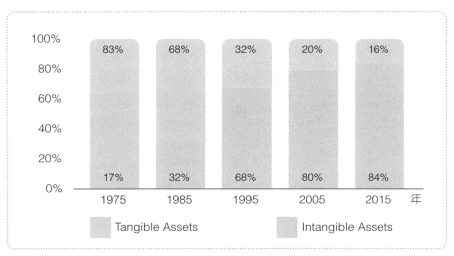

圖13-1　**S&P 500市值組成的評估**

資料來源：2020年Ocean Tomo無形資產市場價值研究。

　　由於科技的進步、權利意識逐漸抬頭，同產業之間的競爭更加激烈，加上近年來侵權案件頻傳，「智慧財產權」一時之間成為媒體或報章雜誌上常會聽到的話題，企業間為了維護自身的智慧財產或專利等無形資產的權利，對簿公堂或訴諸法律訴訟也是時有耳聞。國際之間為了公平貿易與競爭關係，智慧財產權的保護也就常常被列為談判的議題。

　　根據英國知名品牌價值研究機構Brand Finance[3]在2022年1月所

3　Brand Finance於1996年成立，總部位於英國倫敦，是一家獨立的品牌商業評估諮詢公司。它為品牌組織或擁有無形資產的組織提供有關如何透過有效管理其品牌和其他無形資產，來實現價值最大化的建議。詳細資料內容讀者可以上網查閱http://www.brandfinance.com。

發布的「2022年全球品牌500強」報告書，針對全球5,000家公司進行評比，標準包括行銷資源、利害關係人權益、業務績效等，選出全球500大最有價值品牌。全球首家市值突破3兆美元（約新臺幣84兆1,995億元）的蘋果，毫無疑問位居全球最有價值品牌之首，品牌價值高達3,551億美元（約新臺幣9兆9,682億元），較2021年成長約35%之外，也是品牌金融發布全球500大品牌價值的最高紀錄。由此可見，品牌或商標這類與行銷相關無形資產所具有的價值，確實不容小覷。

表13-1　2022年Brand Finance全球品牌價值（前100）

2022 Rank	Brand	Sector	2022 Brand Value	Brand Value Change
1	Apple	Tech	$355,080	+34.8%
2	Amazon	Retail	$350,273	+37.8%
3	Google	Media	$263,425	+37.8%
4	Microsoft	Tech	$184,245	+31.2%
5	Walmart	Retail	$111,918	+20.1%
6	Samsung Group	Tech	$107,284	+4.5%
7	Facebook	Media	$101,201	+24.2%
8	ICBC	Banking	$75,119	+3.2%
9	Huawei	Tech	$71,233	+28.6%
10	Verizon	Telecoms	$69,639	+1.1%
11	China Construction Bank	Banking	$65,546	+9.9%
12	Toyota	Automobiles	$64,283	+8.1%
13	WeChat	Media	$62,303	-8.2%
14	Agricultural Bank Of China	Banking	$62,031	+16.7%

（接下頁）

2022 Rank	Brand	Sector	2022 Brand Value	Brand Value Change
15	Mercedes-Benz	Automobiles	$60,760	+4.4%
16	State Grid	Utilities	$60,175	+9.0%
17	Deutsche Telekom	Telecoms	$60,169	+17.7%
18	TikTok / Douyin	Media	$58,980	+214.6%
19	Disney	Media	$57,059	+11.3%
20	Home Depot	Retail	$56,312	+6.4%
21	Ping An	Insurance	$54,354	-0.4%
22	Taobao	Retail	$53,761	+0.8%
23	Shell	Oil & Gas	$49,925	+18.4%
24	Bank of China	Banking	$49,553	+1.8%
25	Tmall	Retail	$49,182	0.0%
26	AT&T	Telecoms	$47,009	-8.5%
27	Tencent	Media	$46,652	-17.3%
28	Tesla	Automobiles	$46,010	+43.8%
29	Starbucks	Restaurants	$45,699	+18.9%
30	Allianz Group	Insurance	$45,203	+10.6%
31	Aramco	Oil&Gas	$43,637	+16.4%
32	Moutai	Spirits	$42,905	-5.4%
33	Volkswagen	Automobiles	$41,046	-12.7%
34	China Mobile	Telecoms	$40,903	+8.9%
35	NTT Group	Telecoms	$40,691	+18.8%
36	McDonald's	Restaurants	$39,721	+17.4%
37	Mitsubishi Group	Automobiles	$39,203	+8.0%
38	UPS	Logistics	$38,533	+28.2%

（接下頁）

2022 Rank	Brand	Sector	2022 Brand Value	Brand Value Change
39	BMW	Automobiles	$37,945	-6.2%
40	Costco	Retail	$37,501	+29.8%
41	Bank of America	Banking	$36,719	+12.0%
42	Marlboro	Tobacco	$36,278	+2.0%
43	accenture	Tech	$36,190	+39.0%
44	Coca-Cola	Soft Drinks	$35,379	+6.7%
45	Citi	Banking	$34,443	+7.0%
46	Porsche	Automobiles	$33,713	-1.8%
47	Instagram	Media	$33,483	+33.5%
48	Lowe's	Retail	$33,392	+9.9%
49	Nike	Apparel	$33,176	+9.0%
50	UnitedHealthcare	Healthcare	$32,946	+20.6%
51	Xfinity	Telecoms	$31,263	+23.9%
52	Chase	Banking	$30,148	+4.5%
53	Wells Fargo	Banking	$30,054	-5.5%
54	Deloitte	Commercial Services	$29,811	+11.8%
55	PetroChina	Oil & Gas	$29,656	-5.6%
56	Netflix	Media	$29,411	+17.9%
57	Oracle	Tech	$29,121	+11.3%
58	JP Morgan	Banking	$28,888	+22.6%
59	Wuliangye	Spirits	$28,744	+11.6%
60	Target	Retail	$28,342	+37.0%
61	Honda	Automobiles	$28,243	-10.0%

（接下頁）

2022 Rank	Brand	Sector	2022 Brand Value	Brand Value Change
62	CSCEC	Engineering & Construction	$27,386	-9.9%
63	American Express	Commercial Services	$27,247	+15.7%
64	JD.com	Retail	$27,152	+15.3%
65	VISA	Commercial Services	$27,089	+2.2%
66	Cisco	Tech	$26,599	+32.2%
67	CVS	Retail	$26,185	-2.8%
68	FedEx	Logistics	$26,012	+10.5%
69	Intel	Tech	$25,612	-19.5%
70	Sinopec	Oil&Gas	$25,165	-4.7%
71	Sumitomo Group	Trading Houses	$25,050	+3.8%
72	Hyundai Group	Automobiles	$24,971	+8.1%
73	SK Group	Telecoms	$24,421	+15.7%
74	China Merchants Bank	Banking	$24,370	+15.8%
75	Mitsui	Engineering & Construction	$24,329	+8.1%
76	Ford	Automobiles	$24,178	+6.6%
77	Spectrum	Telecoms	$24,083	+12.4%
78	TATA Group	Engineering & Construction	$23,920	+12.4%
79	YouTube	Media	$23,891	+38.2%
80	China Life	Insurance	$23,885	+5.8%
81	Louis Vuitton	Apparel	$23,426	+57.7%

（接下頁）

2022 Rank	Brand	Sector	2022 Brand Value	Brand Value Change
82	EY	Commercial Services	$23,247	+14.6%
83	PWC	Commercial Services	$23,171	+4.2%
84	Alibaba.com	Retail	$22,843	-41.7%
85	Uber	Logistics	$22,820	+11.4%
86	Siemens Group	Engineering & Construction	$22,430	+8.6%
87	Dell Technologies	Tech	$22,220	+20.6%
88	Mastercard	Commercial Services	$21,425	+12.1%
89	IBM	Tech	$21,383	-22.0%
90	Nestlé	Food	$20,819	+7.2%
91	LG Group	Tech	$20,792	+12.3%
92	Pepsi	Soft Drinks	$20,712	+12.0%
93	TSMC	Tech	$20,474	+66.5%
94	Sony	Tech	$19,815	+26.2%
95	General Electric	Engineering & Construction	$19,725	+9.4%
96	CRCC	Engineering & Construction	$19,687	+23.7%
97	Walgreens	Retail	$19,686	+22.3%
98	Vodafone	Telecoms	$19,506	+1.3%
99	Aldi	Retail	$19,237	+24.2%
100	RBC	Banking	$19,040	+20.4%

資料來源：Brand Finance 2022。

二、無形資產與財務決策之關聯

（一）財務會計對無形資產的定義

　　依據評價準則公報第七號「無形資產之評價」第5條的定義，「無形資產」係指：1.無實際形體、可辨認；2.具未來經濟效益之非貨幣性資產及商譽。我國現行的法律除了商業會計處理準則第21條的定義：「無形資產，指無實際形體之可辨認非貨幣性資產及商譽，包括：一、商譽以外之無形資產：指同時符合具有可辨認性、可被商業控制及具有未來經濟效益之資產，包括商標權、專利權、著作權及電腦軟體等。二、商譽：指自企業合併取得之不可辨認及未單獨認列未來經濟效益之無形資產。」之外，並未對無形資產加以明文定義。而國際財務報導準則（IFRS）除了將商譽排除之外，其餘的定義大致上與我國類似。

（二）企業對無形資產的重視

　　近年來，有越來越多的大型企業或是上市櫃公司的老闆，一方面是為了配合主管機關法規的要求及經濟的變遷，另一方面則是為了避免日後不必要的糾紛與損害賠償訴訟等考量，也紛紛主動委託無形資產評價專家或評價專業機構針對企業內部開發或是自外部購買的無形資產出具客觀、公正的評價報告。

　　企業之所以逐漸重視無形資產的主要原因說明如下：

1. 法規的要求：近年來全球陸續發生多起公司治理醜聞、財務報表不實申報誤導投資者、圖利廠商或利益輸送等情事，因而造成社會的不安與投資者虧損，使得各國政府主管機關紛紛提高對企業的資訊揭露與財務報導透明度的要求。雖然各國政府所頒布的規

定看似不同，但是其基本精神卻是一致的，就是要求會計師提升企業財務報導的完整性，以求能夠更加真實的反映企業經營狀況與企業暨無形資產價值。

2. 經濟的變遷：企業在面臨集團化、全球化的發展潮流衝擊之下，原本引以為傲的傳統經營模式必定會漸漸失去往日的光芒，因此如何引進新的生產技術（包含智慧財產）、新的商業模式、新的經營團隊、新的客戶及供應商關係與新的投資人，為企業在瞬息萬變的市場中創造價值，將會是一個不可避免的挑戰。

3. 經濟訴訟案件的增加：隨著企業集團化、經濟全球化的發展，國際企業之間的糾紛與損害賠償訴訟案件與日俱增，而絕大部分的訴訟案件通常與侵權（著作權、專利權、商標權及其他權益）或損害賠償脫離不了關係。由於在決定損害賠償金額是否合理時多半牽涉到既複雜又多元的問題，所以法院審理時通常需要借助評價專家的意見做為其最終判決的參考依據。

　　我們在本書第三章第二節「財務報表常規化調整」中曾經提及：「如果企業所擁有的無形資產屬於自行開發或是企業在正常的營業活動所產生的，其價值的衡量、認列，應該調整至評價專家的估計價值。」公司治理良好的企業為了避免誤導投資大眾、希望能夠確實反映資產負債表中無形資產真實的價值等考量，都會委託無形資產評價專家或評價專業機構針對企業內部自行研發的無形資產出具評價報告。

　　雖然說一般企業不論是日常與銀行之間的往來、信用額度的調整或是在循環性承諾貸款等方面，銀行在放款之前仍舊不免要根據企業品質的狀況（銀行放款評估的授信5P）來確認授信及放款的額度。擁有無形資產的企業倘若能針對企業內部自行開發或是因合

併或收購所取得的無形資產，主動委託無形資產評價專家或評價專業機構出具客觀、公正的評價報告，加上無形資產本身具有較高的流動性、可重複授權、且使用上不會受到時空的限制及不因使用而產生陳舊或過時等優勢，當無形資產逐漸受到企業及金融市場重視之後，以無形資產當作融資的抵押品，銀行放款的意願就會提高。也就是說，無形資產將逐漸地取代有形資產成為企業融資借款的保障，未來世代將是無形資產登場的時代。

三、企業無形資產之盤點

　　2016年，在Robert F. Reilly與Robert P. Schweihs所出版的著作《無形資產評價指南》（*Guide to Intangible Asset Valuation*, Revised Edition 2016）[4]中，以2×2將企業的資產分類成為四大類別（詳表13-2），其中第一象限區分為有形資產與無形資產，而第二象限則區分為不動產與個人資產。

表13-2　**The Four Categories of Business Assets**

	Realty Assets	**Personalty Assets**
Tangible Assets	Tangible Real Estate	Tangible Personal Property
Intangible Assets	Intangible Real Property	Intangible Personal Property

---

4　詳細資料內容請參閱*Guide to Intangible Asset Valuation*, Revised Edition，2016年11月出版，第一章「Identification of Intangible Assets」第13頁。

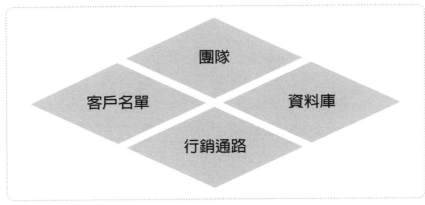

圖13-2　一般商業無形資產

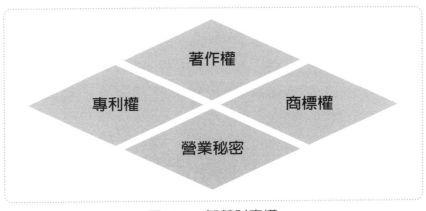

圖13-3　智慧財產權

　　一般企業可能擁有哪些無形資產呢？企業內部的無形資產大致上可以分類為下列幾種：

	不動產	個人資產
有形資產	土地 土地改良物 建築物 建築物改良物	機器設備 交通公工具 電腦 生財器具
無形資產	租賃 占有特許 建照許可 航權 採礦權 取水權 鑽探權 地役權	金融資產 一般商業無形資產 智慧財產： 商標與貿易名稱 專利 著作權 營業秘密 商譽

資料來源：企業暨無形資產評價案例研習，2023年出版，第二章。

1. **金融資產**：或稱為貨幣性資產，是一種廣義的無形資產，具有索取實物資產之無形的權利，並能夠為持有者帶來貨幣收入的資產。金融資產包括銀行存款，債券，股票，衍生金融工具等流動性資產。金融資產可以直接在金融市場交易，通常比土地、房地產等實物資產有更強的流動性。評價準則公報對「無形資產」的研討，僅以狹義的無形資產為限，所以已將金融資產排除在無形資產的定義之外。

2. **一般商業無形資產**：通常是由企業在正常的營業活動所產生，包含客戶關係、供應商關係、受過訓練的工作團隊、證照與許可證、企業作業系統、內部作業程序及公司的內部帳簿等。舉例來說，A和B兩家公司都擁有一樣相同或類似的無形資產 —— 受過訓練的工作團隊，但是由於A公司的管理非常良好，因此在進行合併或出售規劃時，因為A公司較可能會降低營運上、作業上失誤或疏失的機率，自然而然也會比較有效的降低企業的風險，因

此相對於管理不佳的企業，不論在整體企業或是該企業所擁有的無形資產的評價上，也就具有較高的價值了。

3. 智慧財產（Intellectual Property）：或稱為知識產權，包含商標與貿易名稱、專利、著作權及營業秘密。此外，由於智慧財產權的權利是法律所賦予，執行智慧財產評價時如果涉及權利範圍的法律疑慮，宜取得其他專家意見或智慧財產權盡職調查報告作為參考資訊，藉以判斷是否存有可能影響智慧財產權價值的法律風險。

4. 商譽（Goodwill）：係指源自企業、業務或資產群組的未來經濟效益，且無法與企業、業務或資產群組分離者。但是依據評價準則公報第七號「無形資產之評價」第5條所提及「上述商譽的定義係用於評價案件，可能與會計及稅務上對商譽之定義有所不同」。商譽除了因與其他企業合併或收購取得之外，不得認列為資產；即企業內部產生之商譽不得認列為資產。

應用情境 28

　　承前所述，企業併購對於公司的發展而言，是一項挑戰，但也是新的里程碑。寰宇公司終於與擁有數據蒐集分析科技的Wisdom公司達成合意，決定以合併的方式進行併購，以寰宇公司為存續公司，Wisdom公司為消滅公司，擴大了事業版圖。

　　寰宇公司的管理階層，委任美國全國認證企業價值分析師協會（National Association of Certified Valuators and Analysts, NACVA）認證評價分析師Dustin來評估合併Wisdom公司所取得的無形資產價之公平價值[5]。

　　在聽完評價分析師Dustin說明有關合併Wisdom公司所取得之「可辨認無形資產」詳盡評價流程規劃之後，財務長深覺評價專業領域確實遠比想像中複雜。

　　坐在一旁的研發主管忍不住提問：「請問評價分析師，我司合併Wisdom公司所取得的無形資產除了可辨認無形資產之外，難道還有不可辨認的無形資產嗎？」

　　財務長與評價分析師Dustin笑而不答。

四、無形資產評價簡析

　　如前所述，因爲企業不斷地朝向多元化、集團化、全球化發展，使得無形資產的價值難以單純從企業的資產負債表上的價值來表達，亦即現代企業對於無形資產價值的評估需要透過更加專業、嚴謹的程序與系統來進行。

　　執行無形資產評價時，應先確認標的無形資產屬於可辨認或是不可辨認。依據評價準則公報第七號「無形資產之評價」第6條規定，無形資產符合下列條件之一者，即屬可辨認：

㈠ 係可分離：即可與企業分離或區分，且可個別或隨相關合約、可辨認資產或負債出售、移轉、授權、出租或交換，而不論企業是否有意圖進行此項交易。

㈡ 由合約或其他法定權利所產生：而不論該等權利是否可移轉或是否可與企業或其他權利及義務分離。

　　無形資產若屬於不可辨認者，通常爲商譽。

　　另外，執行可辨認無形資產評價時，應先確認標的無形資產的類型及是否具有合約關係。依據評價準則公報第七號「無形資產之評價」第7條規定：「無形資產通常可歸屬於下列一種或多種類型，或歸屬於商譽：

1. 行銷相關：行銷相關之無形資產主要用於產品或勞務之行銷或推廣。例如商標、營業名稱、獨特之商業設計及網域名稱。

2. 客戶相關：客戶相關之無形資產包括客戶名單、尚未履約訂單、客戶合約，以及合約性及非合約性之客戶關係。

3. 文化創意相關：文化創意相關之無形資產源自於對文化藝術創意

5　公平價值（Fair Value，譯爲公允價值），就財務報導目的而言，係指於衡量日，市場參與者間在有秩序之交易中出售某一資產所能收取或移轉某一負債所需支付之價格。

作品（例如戲劇、書籍、電影及音樂）所產生收益之權利，以及非合約性之著作權保護。

4. 合約相關：合約相關之無形資產代表源自於合約性協議之權利價值。例如授權及權利金協議、勞務或供應合約、租賃協議、許可證、廣播權、服務合約、聘僱合約、競業禁止合約，以及對自然資源之權利。

5. 技術相關：技術相關之無形資產源自於使用專利技術、非專利技術、資料庫、配方、設計、軟體、流程或處方之合約性或非合約性權利等。」

　　另一方面，執行無形資產評價時，應界定及描述標的無形資產的特性。依據評價準則公報第七號「無形資產之評價」第8條規定，無形資產的特性包括：

㈠ 功能、市場定位、全球化程度、市場概況、應用能耐及形象等。

㈡ 所有權或特定權利及其狀態。

　　一般而言，執行無形資產評價的程序與架構如圖13-4所示：

圖13-4　無形資產評價的基本架構

　　如上圖所示，執行無形資產評價時，應先確認評價任務之後，再依據上述之五個主要程序進行評價工作。

　　首先，應先確認「評價標的」，也就是要先確認所要評價無形資產的範圍，是要單獨評價呢？還是要與其他資產合併評價呢？總之，無論採用什麼評價方法（Approaches）並從中選用適合該評價案件之評價特定方法（Methods）來執行評價，在此之前，都必須要先對標的無形資產或是擁有或使用該無形資產的企業，有詳細、明確的瞭解。所以，執行無形資產評價時，往往可能要先進行企業的評價。

　　其次，要確認「評價目的」，也就是爲何要執行評價。接著，要確認「評價基準日」，也就是應該要確認受評的無形資產是屬於哪一天的價值。最後，才是確認無形資產的價值是屬於哪一種類型的價值，即「價值標準」，及確認無形資產的價值是在什麼情況之下產生或決定的，即「價值前提」。

　　在上述五個主要評價工作項目決定之後，評價人員才能決定要用什麼評價步驟來執行評價，並從中選用適合該評價案件的評價方法，來進一步產生價值結論。除此之外，執行無形資產評價時還是要考量受評的無形資產擁有者所處的環境、市場競爭情形、當地政府法令限制、國際局勢變動等因素，因爲這些對評價標的或評價方法或多或少都會有其影響。

五、評價案例說明

　　接下來，我們以寰宇公司與Wisdom公司之合併案作為評價案例，說明企業進行併購之後，存續公司所取得的無形資產之公平價值應該如何決定。

　　我們在前一個章節曾經提及：「不論是概括承受或讓與營業或財產，還是讓與或受讓全部或主要部分的營業或財產，都是企併法所承認的收購方式。透過此方式所產生的法律效果，在債權讓與方面，得以公告方式代替債權讓與的通知，在債務承擔方面，則毋庸再經債權人的承認，即可生效（企併法第27條第1項後段）。此種規定主要考量的是，如果債權的成立必須依照民法第297條的規定向個別債務人進行通知，或債務的承擔必須依第301條的規定應經債權人承認，才會發生效力，則將造成併購的過程過於繁複而冗長，有違企併法所要追求的經濟效益。因此，在企併法的設計中，債權讓與的通知可以公告方式代之，而承擔債務時也不再需要債權人的承認。」

　　Wisdom公司管理當局業已提供評價基準日起算未來3年之財務預測資料供評價分析師Dustin參考，評價師Dustin也已經對Wisdom公司提供的財務及非財務相關資料進行合理性評估，並確認其資料來源為可靠且適當。綜觀所有評價案件，一切可辨識之無形資產均應該被辨認、分析，以評估其公平價值。經與寰宇公司與及Wisdom公司管理當局討論之後，評價分析師Dustin將兩公司合併之收購價格分攤至各個無形資產，係依據財務報導目的之評價，該評價案件所採用的「價值標準」及「價值前提」分別為公平價值及在繼續經營之下的價值，意即以寰宇公司為存續公司的情況之下所產生的價值，評價師Dustin辨認出寰宇公司所取得的可辨認無形資產列示如下：

表13-3　Wisdom公司之可辨認無形資產

資產項目	主要類型	評價方法之選用
客戶合約	客戶相關	收益法下的超額盈餘法
自行開發的軟體	技術相關	成本法下的重置成本法
競業禁止合約	行銷相關	收益法下的超額盈餘法
人力團隊	商譽	成本法下的重置成本法
商譽	無	剩餘價值

㈠ 客戶合約。

㈡ 自行開發的軟體。

㈢ 競業禁止合約。

　　如同前面一個章節所述，無論採用什麼評價方法，都必須要先對標的無形資產或是擁有或使用該無形資產的企業，有詳細、明確的瞭解。接下來，我們將依序為讀者作詳細地介紹：

（一）Wisdom公司背景

　　該公司是一家擁有數據蒐集分析科技的軟體程式設計公司，由於台灣電子產業的重心只關心硬體，軟體只能依附硬體中的一個部門，如果不能獨立成一個完整的產業，台灣軟體業將永遠陷於瓶頸。主要商業模式有二種：一是替企業提供Google雲端建置、管理與應用的解決方案；二是利用AI、機器學習與深度學習技術，協助企業進行商業預測與產業升級。

　　Wisdom公司係依照金管會認可之國際會計處理準則（IFRS）編制財務報表，寰宇公司將採用評價分析師Dustin的價值結論進行

收購法⁶之會計處理，即分析師Dustin係執行財務報導目的之評價，其採用的價值標準為公允價值（請參閱國際會計處理準則第十三號「公允價值衡量」之定義）。

（二）評價方法之選用

　　為估計所取得無形資產之公平價值，分析師Dnstin應該考量所有可能之評價方法（Approaches），並從中選用適合該評價案件之評價特定方法（Methods）來執行評價。

　　評價分析師Dustin決定對Wisdom公司的客戶合約採用收益法下的超額盈餘法評價、對競業禁止合約採用收益法下的超額盈餘法評價。分析師Dustin決定使用上述兩項無形資產所產生之未來現金流量作為選用收益法時所使用之利益流量，並以最能夠真實反映標的無形資產風險的折現率將標的無形資產之未來現金流量折算至現值。

　　評價分析師Dustin決定採用成本法下的重置成本法來評估Wisdom公司自行開發的軟體，重置成本法係估算重新購置該自行開發軟體的成本並扣除折舊與功能技術過時後的餘額。另外，分析師Dustin同時也決定使用成本法下的重置成本法來評估Wisdom公司的人力團隊（屬於不可辨認之無形資產），該團隊即為此自行開發軟體之貢獻性資產。

6　關於收購法之詳細規定請參閱國際會計處理準則第三號「企業合併」，https://www.twse.com.tw/staticFiles/listed/ifrsCriteria/%7B5B00048C-FF0A-8E5D-1FE7-29AF5CDB6FC6%7D.pdf。

（三）評價之執行

我們將依序對寰宇與Wisdom公司併購之後，所取得的各項無形資產執行評價。

1. 客戶合約

Wisdom公司替客戶建置Google雲端、管理與應用的解決方案，合約期間一般為1至3年。依據國際會計處理準則第三號「企業合併」之說明，不論合約可否取消，都符合合約或是法定條件。因此，Wisdom公司之客戶合約係由合約所產生，但是合約期間為1至3年，即表示可以終止，所以評價分析師Dustin以客戶合約予以評價。該項合約收入係由雲端設施建置管理費與服務費（保險、設施租賃及諮詢等服務）所組成。Wisdom公司不負責機械、電路之維護與修繕。

評價分析師Dustin決定對Wisdom公司的客戶合約採用收益法下的超額盈餘法評價，所預估之未來現金流量為Wisdom公司的客戶合約所產生之稅後淨利減掉任何具有貢獻性之有形或無形資產的計提回收與報酬（即貢獻性之有形或無形資產對未來現金流量的貢獻）後之金額。

依據國際會計處理準則第三號「企業合併」之說明，不論合約可否取消，都符合合約或是法定條件。因此，Wisdom公司之客戶合約係由合約所產生，但是因為該合約期間為1至3年，即表示可以終止，所以評價分析師Dustin依照客戶合約予以評價。

評價分析師Dustin評估Wisdom公司客戶合約之公平價值的程序如下：

⑴與Wisdom公司管理當局討論所取得的合約及該合約的性質。

⑵檢視並查核合約內容與條款。

⑶針對Wisdom公司管理當局提供的資訊，估算每一合約之年度平均收入及預估合約流失比率，以計算所有存續合約之總收入金額。

⑷針對Wisdom公司管理當局提供的資訊，以預期的長期收入成長率、預估利潤及所得稅率估算稅後淨利。

⑸估算與產生客戶合約有關的稅後淨利之所有貢獻性之有形或無形資產的計提回收與報酬。評價分析師Dustin認為貢獻性之有形或無形資產包括自行開發的軟體、人力團隊及商標，且分別逐一估算其回收金額與報酬金額。回收金額之估算係參考合理估計的攤銷費用；報酬金額之估算則係依據反映該資產的必要而報酬率；而估算人力團隊不計算投入資金的回收，僅於估算其報酬的報酬率係依據Wisdom公司之權益資金成本作合理的調整[7]。

⑹在估算客戶合約的特定風險並考量Wisdom公司之加權平均資金成本（假設為10%）之後，決定以11%當作評估客戶合約之公平價值的折現率，將該公司客戶合約之未來現金流量折算至現值。

⑺經考量每年合約流失的比率15%之後，估算至評價基準日後第二十八年度存續合約數量將等於零，亦即不再產生現金流量（表13-5予以簡化表達）。

⑻預估現金流量金額當作客戶合約的初步價值，由於客戶合約不屬於我國現行稅法所定義之無形資產，所以不予考量租稅攤銷利益。

依據上述的評估分析程序，估算出Wisdom公司客戶合約的價值為新臺幣15,472千元（**請參閱表13-4與表13-5**）。

7　請參閱評價準則公報第七號「無形資產之評價」第52條及第53條之規定。

表13-4　**Wisdom公司客戶合約評價之變數**

評價的變數	
折現率	11%
所得稅率	20%
合約管理成本（約合約管理收入的40%）	40%
貢獻性資產的計提回收與報酬（約合約管理收入的5%）	5%
合約流失比率	15%
預期的長期收入成長率	2%
銷管費用	10%
評價基準日該年度合約數量	153
評價基準日該年度每一個合約年度平均收入（新臺幣千元）	70

資料來源：會計研究發展基金會，作者整理製作。

表13-5 Wisdom公司客戶合約評價之變數

		當年	當年+1	當年+2	當年+3	當年+4	當年+5	當年+6	當年+7	當年+8	當年+9	當年+10
期初合約數量		153.0	130.1	110.5	94.0	79.9	67.9	57.7	49.0	41.7	35.4	30.1
合約流失比率		(0.15)	(0.15)	(0.15)	(0.15)	(0.15)	(0.15)	(0.15)	(0.15)	(0.15)	(0.15)	(0.15)
期末合約數量		130.1	110.5	94.0	79.9	67.9	57.7	49.0	41.7	35.4	30.1	25.6
年度平均收入	2%	70	71	73	74	76	77	79	80	82	84	85
期初期末平均合約數量		142	120	102	87	74	63	53	45	39	33	28
存續合約當年度收入	40%	9,907	8,589	7,447	6,456	5,598	4,853	4,208	3,648	3,163	2,742	2,378
減：存續合約成本		(3,963)	(3,436)	(2,979)	(2,583)	(2,239)	(1,941)	(1,683)	(1,459)	(1,265)	(1,097)	(951)
減：銷管費用	10%	(991)	(859)	(745)	(646)	(560)	(485)	(421)	(365)	(316)	(274)	(238)
稅前淨利		4,953	4,295	3,723	3,228	2,799	2,427	2,104	1,824	1,581	1,371	1,189
減：所得稅費用	20%	(991)	(859)	(745)	(646)	(560)	(485)	(421)	(365)	(316)	(274)	(238)
稅後淨利		3,963	3,436	2,979	2,583	2,239	1,941	1,683	1,459	1,265	1,097	951
減：貢獻性資產計提回報	5%	(198)	(172)	(149)	(129)	(112)	(97)	(84)	(73)	(63)	(55)	(48)
每年度淨現金流量		3,765	3,264	2,830	2,453	2,127	1,844	1,599	1,386	1,202	1,042	903
現值因子（折現率11%）	11%	0.901	0.812	0.731	0.659	0.593	0.535	0.482	0.434	0.391	0.352	0.317
淨現金流量現值		3,392	2,650	2,069	1,617	1,261	987	771	602	470	367	286
淨現金流量現值總金額		15,472										
租稅攤銷利益		-										
客戶合約之公平價值		15,472										

資料來源：會計研究發展基金會，作者整理製作。

2. 自行開發的軟體

Wisdom公司管理當局認為替客戶建置Google雲端、管理與應用的解決方案的自行開發軟體門檻並不是很高，所以沒有太多競爭優勢。但是評價分析師Dustin認為自行開發軟體還能夠利用AI、機器學習與深度學習技術，協助企業進行商業預測與產業升級，因此與Wisdom公司管理當局持有不同的看法。

經Wisdom公司管理當局估算重置目前自行開發軟體的總成本，主要目的在於重置成本法係以現時成本重新開發功能與特性相同於實際無形資產的預估成本。為估算該軟體的重置成本，評價分析師Dustin使用軟體開發費率每小時新臺幣1,000元估算軟體之人工成本，此開發費率資訊係來自市場上電腦科技資訊顧問Wisdom公司管理當局所提供。

另外，此開發費率尚未包含製造費用，例如軟體專案經理及工程師的薪資與其他福利，Wisdom公司管理當局估算製造費用約為軟體人工成本的10%。評價分析師Dustin也考量了系統軟體開發業者所要求的開發業者利潤（屬於軟體開發過程所投入的原料、人工及製造費用所要求的報酬），估計為人工成本與製造費用重置成本總金額的20%。此估算來源係基於Wisdom公司自行開發軟體所投入時間的必要報酬與市場參與者對重新開發該類似軟體所要求的必要報酬。

基於軟體相關的無形資產，通常必須考慮其功能、技術及經濟上的陳舊與過時，經與Wisdom公司管理當局討論之後，評價分析師Dustin決定以重置成本的10%作為功能及技術上的陳舊過時因素考量。

依據上述的評估分析程序，估算出Wisdom公司自行開發軟體的重置成本的公允價值為新臺幣4,158千元（請參閱表13-6）。

表13-6　**Wisdom公司自行開發軟體之公平價值**

	Google雲端建置（小時）	1,500
＋	Google雲端管理（小時）	1,250
＋	Google雲端應用（小時）	750
＝	估計開發軟體時數（小時）	3,500
✕	軟體開發每小時費率（新臺幣千元）	1
＝	估算軟體之人工成本（新臺幣千元）	3,500
＋	估算製造費用約占軟體人工成本的10%	10%
＝	估算製造費用及人工成本總金額	3,850
＋	開發業者利潤約占軟體人工成本的20%	20%
＝	估算重置成本總金額	4,620
－	陳舊過時因素考量	10%
＝	減除陳舊過時因素後之重置成本	4,158

3. 競業禁止合約

競業禁止合約之公平價值係源自於收購方（寰宇公司）所取得Wisdom公司高階管理人員競業禁止之保護。Wisdom公司與二位副總經理級以上主管及五位經理級主管於聘僱合約中註明競業禁止條款，簽署競業禁止條款的主管在離職後24個月不得從事競業之行為（請參閱表13-7）。

表13-7　**Wisdom**公司競業禁止合約評價變數

員工職稱	從事競業行為機率	從事競業行為可能造成（收入減少）的損失
副總經理級以上	25%	10%
經理級	20%	20%
折現率	10%	
所得稅率	20%	
競業禁止條款期間	24（月）	

　　經與Wisdom公司管理當局討論之後，評價分析師Dustin評估Wisdom公司競業禁止合約之公平價值的程序如下：

⑴將Wisdom公司競業禁止合約分成副總經理級以上及經理級兩組估計。

⑵與Wisdom公司管理當局訪談之後，將已經簽署競業禁止合約員工的年齡及該員工對Wisdom公司的重要程度列入考量。

⑶決定Wisdom公司員工從事競業行為的機率及可能造成的損失（即可能使Wisdom公司的收入減少的百分比）。

⑷預估具有與不具有競業禁止合約兩種情況下的收入總額及稅後營業利益總額。

⑸評估後認為因為預估競業行為所減少的稅後營業利益現值與因為預估競業行為所減少的淨現金流量並無太多差異；此係因為Wisdom公司的折舊費用、攤銷費用、資本支出及淨營運資金需求，在具有與不具有競業禁止合約兩種情況下幾乎完全相同。

⑹在評估競業禁止合約的特定風險之後，決定以Wisdom公司的加權平均資金成本10%當作評估競業禁止合約之公平價值的折現率。

　　依據上述的評估分析程序，估算出Wisdom公司競業禁止合約

的公允價值係為副總經理級以上（新臺幣57千元）及經理級（新臺幣91千元）兩組金額之合計，為新臺幣148千元（請參閱表13-8及表13-9）。

表13-8　**Wisdom**公司競業禁止合約評價

單位：新臺幣千元

副總經理級以上主管		第一年		第二年	
Wisdom公司沒有競業行為的情況					
收入總額		20,000		21,200	
息前稅前利潤率	8%	1,600		1,696	
所得稅	20%	(320)		(339)	
稅後營業利益		1,280	a	1,357	a'
Wisdom公司有競業行為的情況					
收入總額		20,000		21,200	
收入減少10%的損失	90%	18,000		19,080	
息前稅前利潤率	8%	1,440		1,526	
所得稅	20%	(288)		(305)	
稅後營業利益		1,152	b	1,221	b'
因預估競業行為所減少的稅後營業利益		**128**	a-b	**136**	a'-b'
×現值因子		0.909		0.826	
現值（淨現金流量）		116		112	
因預估競業行為所減少的稅後營業利益現值		228			
×從事競業行為之機率		25%			
預估競業禁止合約之公平價值		57			
租稅攤銷利益		0			
預估競業禁止合約之公平價值		$57			

資料來源：會計研究發展基金會，作者整理製作。

表13-9 **Wisdom公司競業禁止合約評價**

單位：新臺幣千元

經理級主管		第一年		第二年	
Wisdom公司沒有競業行為的情況					
收入總額		20,000		21,200	
息前稅前利潤率	8%	1,600		1,696	
所得稅	20%	(320)		(339)	
稅後營業利益		1,280	a	1,357	a'
Wisdom公司有競業行為的情況					
收入總額		20,000		21,200	
收入減少20%的損失	80%	16,000		16,960	
息前稅前利潤率	8%	1,280		1,357	
所得稅	20%	(256)		(271)	
稅後營業利益		1,024	b	1,085	b'
因預估競業行為所減少的稅後營業利益		**256**	a-b	**271**	a'-b'
X 現值因子		0.909		0.826	
現值（淨現金流量）		233		224	
因預估競業行為所減少的稅後營業利益現值		457			
X 從事競業行為之機率		20%			
預估競業禁止合約之公平價值		91			
租稅攤銷利益		0			
預估競業禁止合約之公平價值		$91			

資料來源：會計研究發展基金會，作者整理製作。

4. 人力團隊

　　對財務報導目的之評價來說，人力團隊並不合乎資產認列的條件，也就是說該人力團隊在企業合併的案例中，在財務報表中並不會單獨列為可辨認無形資產。但在衡量客戶關係及自行開發軟體之公平價值時，評價分析師Dustin將該人力團隊視為貢獻性資產進行評價，以便在使用收益法下的超額盈餘法時將所有貢獻性資產適當之報酬納入考量。

　　因為要重置一支具有專業技術及知識的人力團隊可能需要耗用相當多的招募、訓練及薪資福利等成本，且人力團隊並不具有能可靠衡量之未來利益流量，因此，評價分析師Dustin認為成本法下的重置成本法為最適當的評價方法。

　　評價分析師Dustin以不同的職務每年給付的年薪、人力招募、專業訓練及篩選作業等耗用的相關成本，加上不同的職務所需的訓練時數及訓練成本估算人力團隊的重置成本。另外，評價分析師Dustin認為人力團隊並不存在陳舊或過時等因素，因此，依據上述的評估分析程序，估算出Wisdom公司人力團隊的重置成本的公允價值為新臺幣24,750千元（請參閱表13-10）。

表13-10 人力團隊重置成本公平價值

單位：新臺幣千元

人數	職稱	年薪	年薪總額	訓練時間（週數）	訓練時間總計	訓練成本總計	招募成本占年薪%	總招募成本	總重置成本
1	副總經理	$2,500	$2,500	5	5	$12,500	50%	$1,250	$13,750
2	經理	1,500	3,000	2	4	6,000	20%	600	6,600
4	工程師	1,000	4,000	1	4	4,000	10%	400	4,400
		$5,000	$9,500	8	13	$22,500		$2,250	$24,750

總重置成本		$24,750
減：所得稅	20%	0
稅後總重置成本		$24,750
加權平均資金成本	10%	
所得稅	20%	
人力團隊陳舊過時因素		0
人力團隊之公平價值		$24,750

5. 併購之商譽

　　企業因併購所認列的商譽，為一項源自於企業合併所取得的其他資產所產生之未能個別辨認及單獨認列具未來經濟效益的資產。在收購法會計之收購價格分攤[8]中，商譽的公平價值係以收購法的剩餘價值為基礎加以計算。以本案例來說，Wisdom公司的商譽價值係以收購價格減掉所取得的可辨認有形及無形資產加上所承擔的負債的公平價值後的金額估算（請參閱表13-11），依據上述的評估分析程序，估算出合併所取得的商譽的公平價值為新臺幣33,401千元，其中包括Wisdom公司人力團隊價值24,750千元（請參閱表13-12）。

　　另一方面，評價分析師Dustin在估計各項有形及無形資產的加權平均資產報酬率[9]之後，確認該報酬率與Wisdom公司的加權平均資成本（10%）相近。

8　Purchase Price Allocation，PPA是指會計準則規定的非同一控制下企業合併成本在取得的可辨認資產、負債和或有負債之間的分配。合併對價分攤的評估是通過識別所收購企業的各項資產和負債（包括未在被收購企業資產負債表上反映的資產和負債），評估各項資產和負債的公允價值，將收購企業的收購價格根據合併中取得的被購買方可辨認資產（包括各類可辨認無形資產）、負債及或有負債的公允價值進行分配，其分配差額為商譽。

9　評價人員在完成企業合併收購之收購價格分攤前，必須進行合理性檢驗（Sanity check）：各項有形資產、無形資產之重新以公允價值評價之結果是否合理。該檢驗之基準在於：收購日被收購企業資產負債表左邊各項有形資產、無形資產（包含商譽）重評價之公允價值占全部資產公允價值之相對比率，乘上各項有形資產、無形資產（包含商譽）之合理報酬率（折現率），所計算出來之加權平均資產報酬率（Weighted average return on assets, WARA），是否與資產負債表右邊運用資金以融資取得各項有形、無形資產之加權平均資金成本（Weighted average cost of capital, WACC）相當。如果WARA與WACC兩者相當，則評價人員所作的收購價格分攤結果應屬合理，否則必須尋找重大差異之原因，作進一步之分析與調整。

表13-11　**Wisdom公司商譽之評價**

單位：新臺幣千元

支付現金	$60,000
加：承擔負債	30,163
調整後收購價格	**$90,163**
減：流動資產公平市場價值	(28,000)
減：非流動資產公平市場價值	(9,000)
所取得的可辨認無形資產	$53,163
客戶合約	(15,472)
自行開發軟體	(4,158)
競業禁止合約	(148)
剩餘商譽價值（含人力團隊價值24,750）	**$33,385**

資料來源：NACVA Case Study。

表13-12　Wisdom公司無形資產評價總表

單位：新臺幣千元

資產項目	公平價值	報酬率	收購價格占比	資產平均報酬率
流動資產	$28,000			
減：流動負債	27,000			
淨營運資金	1,000	5.0%	1.58%	0.08%
加：非流動資產	9,000	7.0%	14.25%	1.00%
淨營運資金及非流動資產總額	$10,000			
所取得的可辨認無形資產				
客戶合約	15,472	10.0%	24.47%	2.45%
自行開發軟體	4,158	10.0%	6.58%	0.66%
競業禁止合約	148	10.0%	0.23%	0.02%
人力團隊	24,750	10.0%	39.18%	3.92%
無形流動資產總金額	$44,528			
剩餘商譽價值	8,635	20.0%	13.70%	2.74%
總收購金額	$63,163			10.86%

　　透過寰宇公司與Wisdom的併購案件，評價分析師Dustin從寰宇公司所取得無形資產的盤點及辨識開始，一直到完成整個評價結論的過程，我們可以看出財務管理與無形資產二者之間具有密不可分的關聯性。期待一窺堂奧的讀者，也歡迎您參閱《企業暨無形資產評價案例研習》乙書，相信會有更多收穫。

從EPS到ESG——
財務管理新思維

應用情境 29

　　寰宇公司經過了縝密的財務規劃以及無形資產評價，企業穩健發展，並且在海外設立了新加坡及日本分公司，已經成為報章媒體爭相報導的「幸福企業」。在每年計算結餘之後，公司總是大力支持藝文活動回饋社會，甚至由公司高層帶領同仁到偏鄉服務。

　　某次餐敘，席間有公司財務長、吳董事、李教授及平日往來銀行的陳經理，聊到最近很熱門的ESG議題；李教授分享國際間關於ESG的最新規範，大伙兒聽得入神，財務長更是勤作筆記。吳董事突然說道：「財務長，我們寰宇也必須邁向永續，剛才李教授說得很有道理，如果我們ESG做得好一點，未來如果有融資需求可能也會更順利，是不是呀？」眼光望向陳經理與財務長，接著又說：「每次我都跟董事長說，多買一些碳權勝過支持藝文活動啦～這樣ESG要達標也快一些～」由於吳董事年事較高，財務長報以尊重的微笑，但心中澄澈如明鏡，因為深知ESG背後蘊含的學問很大，也必須仔細規劃。

　　飯局結束，送走了吳董後，財務長請李教授與陳經理留步，研議未來公司ESG的規劃與推動方向。李教授提出幾項問題作為思考：

▶ 到底什麼是ESG？推動的重點為何？

▶ 國際標準那麼多，公司究竟應該如何選擇？

▶ ESG和投資或融資之間的關聯性為何？

▶ 支持藝文活動和公司的永續發展有關係嗎？

一、ESG的概念與重點

（一）認識ESG

從字面上看，所謂ESG是環境（Environmental）、社會（Social）與治理（Governance）三項理念的統稱，由聯合國於2004年首次提出，被視為評估企業經營的指標。ESG所衍生出的指標，所關切者非僅企業的每股盈餘（Earnings Per Share, EPS），而是更進一步地關心環境、社會及治理等非財務分析的長期表現。換句話說，依據ESG指標所獲得的數據通常被歸類為非會計資訊，目的是希望反映出傳統上未揭露於財務報告但卻對估值（value）產生重要性的組成因素。如果從歷史的角度可以發現，美國市值前3000大的企業中ESG評分越高者，受到2008年金融海嘯波及的程度越低，原因在於重視ESG的企業財務往往資訊較為透明，大多能穩健經營，而且長期投資社會，得到投資人的信任，因此讓企業縱使在惡劣的環境中卻能使績效維持在一定水準。

（二）國際規範

ESG指標受到重視，一方面與永續發展的訴求有關，二方面也由於近年來影響企業評價的因素日趨複雜，無形資產（Intangible Assets）的影響力不斷增加，因此透過ESG指標可以協助投資人衡量企業管理層所為的決策方向是否妥適，並可作為無形資產評價時的參考（關於無形資產評價請參閱本書第十三章）。放眼全球，目前常見的國際永續評比機制不少，常見者如DJSI（Dow Jones Sustainability Index）、FTSE Russell、MSCI（Morgan Stanley Captain International Index）、ISS-Oekom、Sustainalytics及CDP

（Carbon Disclosure Project）等，不一而足。各評比機制所關注的面向或有不同，但是大抵上與環境、社會、經濟或治理相關；各類模組向下也都設有不同的題組與關鍵指標，並依其所設指標與權重得出評分，提供政府、企業、金融機構與投資人參考。如果從總體觀察，可以發現FTSE Russell、MSCI及ISS-Oekom所涵蓋的企業數量較多，而CDP將氣候、水與森林資源三項領域獨立評估，也有其特色與實用性。依據世界永續發展協會（Word Business Council for Sustainable Development, WBCSD）的統計，全世界已有超過六百種以上的ESG評比，ESG績效指標也已超過4,500個，為使投資人與金融機構能夠辨識真正致力於ESG的優質企業，如何在環境、社會與治理三構面對應合宜的指標，已經是各國政府與評比機構努力的方向。

二、CSR、ESG與SDGs

　　寰宇公司致力於回饋社會，已善盡企業社會責任（Corporate Social Responsibility, CSR），是否還有必要落實ESG或永續發展目標（Sustainable Development Goals, SDGs）呢？如果以永續發展作為全球人類的總體發展目標，SDGs便是邁向用續發展的重要方向與議題，而且已成為全球各國的共識，與每一位存活於地球上的公民都息息相關，也需要社會全體的支持與推動；而ESG是促成SDGs的手段之一，著眼於環境、社會與治理三項構面，鼓勵企業從事有益於這三項構面的業務發展，也間接促成環境與社會的永續，同時也讓投資人有清楚的投資選擇。而所謂的CSR，目的在保

障企業的利害關係人，不僅有助於企業的永續發展，也使企業成為永續目標的實踐者。

三、ESG所包含的範圍與效益

　　ESG的觀念看似在2005年的倡議中問世，但是類似的精神早在90年代便已出現，也就是所謂的「社會責任投資」（Socially Responsible Investment, SRI）。SRI也是因應永續經濟發展而生，是指在投資過程中，除了傳統的財務指標外，應同時關切社會正義性與環境永續性等倫理性指標，搭配穩定利潤分配的持續性與社會貢獻度，讓投資產生財務性與社會性的雙重利益。然而，SRI的觀念還可以再追溯到19世紀初，當時美國衛理教派開創退休養老基金

時，便堅持排除販售或製造煙草、酒類或武器，以及經營博奕或從
事不道德業務的公司。這種道德投資的概念形成風氣，也帶動了投
資人不再只追求金錢利潤，還必須將社會公義與環境正義等納入決
策之投資思維。

　　如果單純看道德投資的概念，是採用負面表列（negative /
exclusionary screening）的投資思維，也就是排除對社會環境產
生問題或傷害的企業，不將其列入投資選項之中；但進入到SRI
或ESG的推動年代時，開始出現正面表列（positive / Best-in-class
screening）的投資呼籲，也就是提醒投資人應當選擇並投資對社會
有正面貢獻（或在ESG評分較高）的行業或企業作爲投資標的。但
依實務發展情況觀察，目前正面表列與負面表列仍然都是ESG投資
的判斷方法，甚至有整合觀察的趨勢。但是不論如何判斷，也不論
ESG三構面下的評比指標如何多元，但基本上可以掌握以下代表性
指標（或題組）：

表14-1　ESG各要素之代表性指標（或題組）

環境	抑制氣候變遷
	控制能源使用量與碳排放量
	防止環境汙染
	增強回收利用
	保護生物之多樣性
社會	推動差異化措施
	促成並尊重女性之活躍
	締造地區與社會之共生
	供應鏈各環節人權之尊重
	確保公正事業運行之常態

（接下頁）

治理	法令遵循之落實
	建立並保持與利害關係人（stakeholders）之溝通機制
	獨立董事與董事會之結構應符合治理需求
	適切之企業倫理規範
	少數股東權利之保護

資料來源：參考原田哲志，ESG投資の実際の手法を学ぼう～代表的なESG投資手法とその特徴，ニッセイ基礎研究所，基礎研レポート，2021年6月24日，第2頁。

　　從上表可得知，環境（E）問題的消弭固然是ESG的實現指標，但是社會（S）問題的解決也是ESG的重要實踐項目。因此，支持藝文活動或地方創生，與公司的永續發展或ESG的實踐有關係嗎？答案已經呼之欲出。此外，2019年文化部曾與金融監督管理委員會（以下簡稱金管會）協調將「促進文化發展」納入《上市上櫃公司企業社會責任實務守則》中「維護社會公益」的實踐範疇；2022年金管會更具體地在2023公司治理評鑑之永續發展構面新增「公司是否投入資源支持國內文化發展，並將支持方式與成果揭露於公司網站、年報或永續報告書」指標，作為評分考量。此外，2022年12月23日台灣證券交易所股份有限公司亦以台證治理字第1110024366號公告修正《上市上櫃公司永續發展實務守則》（前身為《上市上櫃公司企業社會責任實務守則》），增訂第27條之1明定：「上市上櫃公司宜經由捐贈、贊助、投資、採購、策略合作、企業志願技術服務或其他支持模式，持續將資源挹注文化藝術活動或文化創意產業，以促進文化發展。」提供企業贊助藝文事業與文創產業之明確規範，將有助於指引更多企業投入促成文化發展行列，落實ESG中的「S」指標，帶動社會影響力並邁向永續。

四、ESG與財務管理

　　過往企業的發展偏重財務資訊（例如本益比、股東權益報酬率或股價淨值比等資訊）的揭露，然而在ESG評等的趨勢下，投資人也逐漸側重企業非財務資訊的揭露，例如經營理念、價值主張、環境保護與員工保障等。非財務資訊的揭露，實際上有助於投資人關注企業的長期發展，也進一步能夠發掘該企業的真正價值。2020年1月2日證交所及櫃買中心分別修正「上市公司編製與申報企業社會責任報告書作業辦法」與「上櫃公司編製與申報企業社會責任報告書作業辦法」，參考國際非財務資訊揭露趨勢，並強化風險評估與氣候變遷之相關揭露內容，修正重點包括：㈠將環境、社會及公司治理風險評估納入現行揭露規範中，並強化我國非財務資訊關鍵績效指標與管理之連結；㈡強化上櫃公司揭露氣候相關風險與機會之治理情況、實際及潛在與氣候相關之衝擊，並說明鑑別、評估與管理氣候相關風險之流程，以及用於評估與管理氣候相關議題之指標與目標暨落實目標情形。此外，金融監督管理委員會考量國際投資人及產業鏈日益重視環境、社會及治理（ESG）相關議題，為提醒企業重視ESG相關利害關係議題，並提供投資人決策有用的ESG資訊，參考國際相關準則〔氣候相關財務揭露規範（TCFD）、美國永續會計準則委員會（SASB）發布之準則〕，於2020年8月發布「公司治理3.0——永續發展藍圖」，強化永續報告書揭露資訊，同時擴大永續報告書編製之公司範圍，要求實收資本額達20億元（目前為50億元以上）之上市櫃公司自2023年起應編製並申報永續報告書，持續強化我國上市櫃公司落實社會責任及提升非財務資訊揭露。因此，對於財務資訊與非財務資訊的重視，不僅是ESG發展的重要脈絡，更是透過資本市場推動全球永續的良性力量。

　　歐盟也在2021年4月發布「企業永續報告指令」（Corporate Sustainability Reporting Directive, CSRD），除替代原有的非財務報導指令（Non-Financial Reporting Directive, NFDR）外，更要求所有大型企業與所有上市公司（包括中小型上市企業）必須定期發布有關其環境和社會影響活動的報告，這項報告有助於協助投資人、消費者、政策制定者或其他利害關係人能藉此評估大公司的非財務績效，進一步獲得審慎判斷的空間。陸續發布的重要規範，都在告訴我們一件事，那就是從EPS到ESG的時代已經來臨，寰宇公司已經做好準備了，希望您也是。

附表

附表1　現值利率因子表

期數	1%	2%	3%	4%	5%	6%	7%
1	0.9901	0.9804	0.9709	0.9615	0.9524	0.9434	0.9346
2	0.9803	0.9612	0.9426	0.9246	0.9070	0.8900	0.8734
3	0.9706	0.9423	0.9151	0.8890	0.8638	0.8396	0.8163
4	0.9610	0.9238	0.8885	0.8548	0.8227	0.7921	0.7629
5	0.9515	0.9057	0.8626	0.8219	0.7835	0.7473	0.7130
6	0.9420	0.8880	0.8375	0.7903	0.7462	0.7050	0.6663
7	0.9327	0.8706	0.8131	0.7599	0.7107	0.6651	0.6227
8	0.9235	0.8535	0.7894	0.7307	0.6768	0.6274	0.5820
9	0.9143	0.8368	0.7664	0.7026	0.6446	0.5919	0.5439
10	0.9053	0.8203	0.7441	0.6756	0.6139	0.5584	0.5083
11	0.8963	0.8043	0.7224	0.6496	0.5847	0.5268	0.4751
12	0.8874	0.7885	0.7014	0.6246	0.5568	0.4970	0.4440
13	0.8787	0.7730	0.6810	0.6006	0.5303	0.4688	0.4150
14	0.8700	0.7579	0.6611	0.5775	0.5051	0.4423	0.3878
15	0.8613	0.7430	0.6419	0.5553	0.4810	0.4173	0.3624
16	0.8528	0.7284	0.6232	0.5339	0.4581	0.3936	0.3387
17	0.8444	0.7142	0.6050	0.5134	0.4363	0.3714	0.3166
18	0.8360	0.7002	0.5874	0.4936	0.4155	0.3503	0.2959
19	0.8277	0.6864	0.5703	0.4746	0.3957	0.3305	0.2765
20	0.8195	0.6730	0.5537	0.4564	0.3769	0.3118	0.2584
21	0.8114	0.6598	0.5375	0.4388	0.3589	0.2942	0.2415
22	0.8034	0.6468	0.5219	0.4220	0.3418	0.2775	0.2257
23	0.7954	0.6342	0.5067	0.4057	0.3256	0.2618	0.2109
24	0.7876	0.6217	0.4919	0.3901	0.3101	0.2470	0.1971
25	0.7798	0.6095	0.4776	0.3751	0.2953	0.2330	0.1842
30	0.7419	0.5521	0.4120	0.3083	0.2314	0.1741	0.1314
35	0.7059	0.5000	0.3554	0.2534	0.1813	0.1301	0.0937
36	0.6989	0.4902	0.3450	0.2437	0.1727	0.1227	0.0875
40	0.6717	0.4529	0.3066	0.2083	0.1420	0.0972	0.0668
50	0.6080	0.3715	0.2281	0.1407	0.0872	0.0543	0.0339

8%	9%	10%	11%	12%	13%	14%	15%
0.9259	0.9174	0.9091	0.9009	0.8929	0.8850	0.8772	0.8696
0.8573	0.8417	0.8264	0.8116	0.7972	0.7831	0.7695	0.7561
0.7938	0.7722	0.7513	0.7312	0.7118	0.6931	0.6750	0.6575
0.7350	0.7084	0.6830	0.6587	0.6355	0.6133	0.5921	0.5718
0.6806	0.6499	0.6209	0.5935	0.5674	0.5428	0.5194	0.4972
0.6302	0.5963	0.5645	0.5346	0.5066	0.4803	0.4556	0.4323
0.5835	0.5470	0.5132	0.4817	0.4523	0.4251	0.3996	0.3759
0.5403	0.5019	0.4665	0.4339	0.4039	0.3762	0.3506	0.3269
0.5002	0.4604	0.4241	0.3909	0.3606	0.3329	0.3075	0.2843
0.4632	0.4224	0.3855	0.3522	0.3220	0.2946	0.2697	0.2472
0.4289	0.3875	0.3505	0.3173	0.2875	0.2607	0.2366	0.2149
0.3971	0.3555	0.3186	0.2858	0.2567	0.2307	0.2076	0.1869
0.3677	0.3262	0.2897	0.2575	0.2292	0.2042	0.1821	0.1625
0.3405	0.2992	0.2633	0.2320	0.2046	0.1807	0.1597	0.1413
0.3152	0.2745	0.2394	0.2090	0.1827	0.1599	0.1401	0.1229
0.2919	0.2519	0.2176	0.1883	0.1631	0.1415	0.1229	0.1069
0.2703	0.2311	0.1978	0.1696	0.1456	0.1252	0.1078	0.0929
0.2502	0.2120	0.1799	0.1528	0.1300	0.1108	0.0946	0.0808
0.2317	0.1945	0.1635	0.1377	0.1161	0.0981	0.0829	0.0703
0.2145	0.1784	0.1486	0.1240	0.1037	0.0868	0.0728	0.0611
0.1987	0.1637	0.1351	0.1117	0.0926	0.0768	0.0638	0.0531
0.1839	0.1502	0.1228	0.1007	0.0826	0.0680	0.0560	0.0462
0.1703	0.1378	0.1117	0.0907	0.0738	0.0601	0.0491	0.0402
0.1577	0.1264	0.1015	0.0817	0.0659	0.0532	0.0431	0.0349
0.1460	0.1160	0.0923	0.0736	0.0588	0.0471	0.0378	0.0304
0.0994	0.0754	0.0573	0.0437	0.0334	0.0256	0.0196	0.0151
0.0676	0.0490	0.0356	0.0259	0.0189	0.0139	0.0102	0.0075
0.0626	0.0449	0.0323	0.0234	0.0169	0.0123	0.0089	0.0065
0.0460	0.0318	0.0221	0.0154	0.0107	0.0075	0.0053	0.0037
0.0213	0.0134	0.0085	0.0054	0.0035	0.0022	0.0014	0.0009

附表2　終值利率因子表

期數	1%	2%	3%	4%	5%	6%	7%
1	1.0100	1.0200	1.0300	1.0400	1.0500	1.0600	1.0700
2	1.0201	1.0404	1.0609	1.0816	1.1025	1.1236	1.1449
3	1.0303	1.0612	1.0927	1.1249	1.1576	1.1910	1.2250
4	1.0406	1.0824	1.1255	1.1699	1.2155	1.2625	1.3108
5	1.0510	1.1041	1.1593	1.2167	1.2763	1.3382	1.4026
6	1.0615	1.1262	1.1941	1.2653	1.3401	1.4185	1.5007
7	1.0721	1.1487	1.2299	1.3159	1.4071	1.5036	1.6058
8	1.0829	1.1717	1.2668	1.3686	1.4775	1.5938	1.7182
9	1.0937	1.1951	1.3048	1.4233	1.5513	1.6895	1.8385
10	1.1046	1.2190	1.3439	1.4802	1.6289	1.7908	1.9672
11	1.1157	1.2434	1.3842	1.5395	1.7103	1.8983	2.1049
12	1.1268	1.2682	1.4258	1.6010	1.7959	2.0122	2.2522
13	1.1381	1.2936	1.4685	1.6651	1.8856	2.1329	2.4098
14	1.1495	1.3195	1.5126	1.7317	1.9799	2.2609	2.5785
15	1.1610	1.3459	1.5580	1.8009	2.0789	2.3966	2.7590
16	1.1726	1.3728	1.6047	1.8730	2.1829	2.5404	2.9522
17	1.1843	1.4002	1.6528	1.9479	2.2920	2.6928	3.1588
18	1.1961	1.4282	1.7024	2.0258	2.4066	2.8543	3.3799
19	1.2081	1.4568	1.7535	2.1068	2.5270	3.0256	3.6165
20	1.2202	1.4859	1.8061	2.1911	2.6533	3.2071	3.8697
21	1.2324	1.5157	1.8603	2.2788	2.7860	3.3996	4.1406
22	1.2447	1.5460	1.9161	2.3699	2.9253	3.6035	4.4304
23	1.2572	1.5769	1.9736	2.4647	3.0715	3.8197	4.7405
24	1.2697	1.6084	2.0328	2.5633	3.2251	4.0489	5.0724
25	1.2824	1.6406	2.0938	2.6658	3.3864	4.2919	5.4274
30	1.3478	1.8114	2.4273	3.2434	4.3219	5.7435	7.6123
35	1.4166	1.9999	2.8139	3.9461	5.5160	7.6861	10.6766
36	1.4308	2.0399	2.8983	4.1039	5.7918	8.1473	11.4239
40	1.4889	2.2080	3.2620	4.8010	7.0400	10.2857	14.9745
50	1.6446	2.6916	4.3839	7.1067	11.4674	18.4202	29.4570

8%	9%	10%	11%	12%	13%	14%	15%
1.0800	1.0900	1.1000	1.1100	1.1200	1.1300	1.1400	1.1500
1.1664	1.1881	1.2100	1.2321	1.2544	1.2769	1.2996	1.3225
1.2597	1.2950	1.3310	1.3676	1.4049	1.4429	1.4815	1.5209
1.3605	1.4116	1.4641	1.5181	1.5735	1.6305	1.6890	1.7490
1.4693	1.5386	1.6105	1.6851	1.7623	1.8424	1.9254	2.0114
1.5869	1.6771	1.7716	1.8704	1.9738	2.0820	2.1950	2.3131
1.7138	1.8280	1.9487	2.0762	2.2107	2.3526	2.5023	2.6600
1.8509	1.9926	2.1436	2.3045	2.4760	2.6584	2.8526	3.0590
1.9990	2.1719	2.3579	2.5580	2.7731	3.0040	3.2519	3.5179
2.1589	2.3674	2.5937	2.8394	3.1058	3.3946	3.7072	4.0456
2.3316	2.5804	2.8531	3.1518	3.4785	3.8359	4.2262	4.6524
2.5182	2.8127	3.1384	3.4985	3.8960	4.3345	4.8179	5.3503
2.7196	3.0658	3.4523	3.8833	4.3635	4.8980	5.4924	6.1528
2.9372	3.3417	3.7975	4.3104	4.8871	5.5348	6.2613	7.0757
3.1722	3.6425	4.1772	4.7846	5.4736	6.2543	7.1379	8.1371
3.4259	3.9703	4.5950	5.3109	6.1304	7.0673	8.1372	9.3576
3.7000	4.3276	5.0545	5.8951	6.8660	7.9861	9.2765	10.7613
3.9960	4.7171	5.5599	6.5436	7.6900	9.0243	10.5752	12.3755
4.3157	5.1417	6.1159	7.2633	8.6128	10.1974	12.0557	14.2318
4.6610	5.6044	6.7275	8.0623	9.6463	11.5231	13.7435	16.3665
5.0338	6.1088	7.4002	8.9492	10.8038	13.0211	15.6676	18.8215
5.4365	6.6586	8.1403	9.9336	12.1003	14.7138	17.8610	21.6447
5.8715	7.2579	8.9543	11.0263	13.5523	16.6266	20.3616	24.8915
6.3412	7.9111	9.8497	12.2392	15.1786	18.7881	23.2122	28.6252
6.8485	8.6231	10.8347	13.5855	17.0001	21.2305	26.4619	32.9190
10.0627	13.2677	17.4494	22.8923	29.9599	39.1159	50.9502	66.2118
14.7853	20.4140	28.1024	38.5749	52.7996	72.0685	98.1002	133.1755
15.9682	22.2512	30.9127	42.8181	59.1356	81.4374	111.8342	153.1519
21.7245	31.4094	45.2593	65.0009	93.0510	132.7816	188.8835	267.8635
46.9016	74.3575	117.3909	184.5648	289.0022	450.7359	700.2330	1083.6574

附表3　年金現值利率因子表

期數	1%	2%	3%	4%	5%	6%	7%
1	0.9901	0.9804	0.9709	0.9615	0.9524	0.9434	0.9346
2	1.9704	1.9416	1.9135	1.8861	1.8594	1.8334	1.8080
3	2.9410	2.8839	2.8286	2.7751	2.7232	2.6730	2.6243
4	3.9020	3.8077	3.7171	3.6299	3.5460	3.4651	3.3872
5	4.8534	4.7135	4.5797	4.4518	4.3295	4.2124	4.1002
6	5.7955	5.6014	5.4172	5.2421	5.0757	4.9173	4.7665
7	6.7282	6.4720	6.2303	6.0021	5.7864	5.5824	5.3893
8	7.6517	7.3255	7.0197	6.7327	6.4632	6.2098	5.9713
9	8.5660	8.1622	7.7861	7.4353	7.1078	6.8017	6.5152
10	9.4713	8.9826	8.5302	8.1109	7.7217	7.3601	7.0236
11	10.3676	9.7868	9.2526	8.7605	8.3064	7.8869	7.4987
12	11.2551	10.5753	9.9540	9.3851	8.8633	8.3838	7.9427
13	12.1337	11.3484	10.6350	9.9856	9.3936	8.8527	8.3577
14	13.0037	12.1062	11.2961	10.5631	9.8986	9.2950	8.7455
15	13.8651	12.8493	11.9379	11.1184	10.3797	9.7122	9.1079
16	14.7179	13.5777	12.5611	11.6523	10.8378	10.1059	9.4466
17	15.5623	14.2919	13.1661	12.1657	11.2741	10.4773	9.7632
18	16.3983	14.9920	13.7535	12.6593	11.6896	10.8276	10.0591
19	17.2260	15.6785	14.3238	13.1339	12.0853	11.1581	10.3356
20	18.0456	16.3514	14.8775	13.5903	12.4622	11.4699	10.5940
21	18.8570	17.0112	15.4150	14.0292	12.8212	11.7641	10.8355
22	19.6604	17.6580	15.9369	14.4511	13.1630	12.0416	11.0612
23	20.4558	18.2922	16.4436	14.8568	13.4886	12.3034	11.2722
24	21.2434	18.9139	16.9355	15.2470	13.7986	12.5504	11.4693
25	22.0232	19.5235	17.4131	15.6221	14.0939	12.7834	11.6536
30	25.8077	22.3965	19.6004	17.2920	15.3725	13.7648	12.4090
35	29.4086	24.9986	21.4872	18.6646	16.3742	14.4982	12.9477
36	30.1075	25.4888	21.8323	18.9083	16.5469	14.6210	13.0352
40	32.8347	27.3555	23.1148	19.7928	17.1591	15.0463	13.3317
50	39.1961	31.4236	25.7298	21.4822	18.2559	15.7619	13.8007

8%	9%	10%	11%	12%	13%	14%	15%
0.9259	0.9174	0.9091	0.9009	0.8929	0.8850	0.8772	0.8696
1.7833	1.7591	1.7355	1.7125	1.6901	1.6681	1.6467	1.6257
2.5771	2.5313	2.4869	2.4437	2.4018	2.3612	2.3216	2.2832
3.3121	3.2397	3.1699	3.1024	3.0373	2.9745	2.9137	2.8550
3.9927	3.8897	3.7908	3.6959	3.6048	3.5172	3.4331	3.3522
4.6229	4.4859	4.3553	4.2305	4.1114	3.9975	3.8887	3.7845
5.2064	5.0330	4.8684	4.7122	4.5638	4.4226	4.2883	4.1604
5.7466	5.5348	5.3349	5.1461	4.9676	4.7988	4.6389	4.4873
6.2469	5.9952	5.7590	5.5370	5.3282	5.1317	4.9464	4.7716
6.7101	6.4177	6.1446	5.8892	5.6502	5.4262	5.2161	5.0188
7.1390	6.8052	6.4951	6.2065	5.9377	5.6869	5.4527	5.2337
7.5361	7.1607	6.8137	6.4924	6.1944	5.9176	5.6603	5.4206
7.9038	7.4869	7.1034	6.7499	6.4235	6.1218	5.8424	5.5831
8.2442	7.7862	7.3667	6.9819	6.6282	6.3025	6.0021	5.7245
8.5595	8.0607	7.6061	7.1909	6.8109	6.4624	6.1422	5.8474
8.8514	8.3126	7.8237	7.3792	6.9740	6.6039	6.2651	5.9542
9.1216	8.5436	8.0216	7.5488	7.1196	6.7291	6.3729	6.0472
9.3719	8.7556	8.2014	7.7016	7.2497	6.8399	6.4674	6.1280
9.6036	8.9501	8.3649	7.8393	7.3658	6.9380	6.5504	6.1982
9.8181	9.1285	8.5136	7.9633	7.4694	7.0248	6.6231	6.2593
10.0168	9.2922	8.6487	8.0751	7.5620	7.1016	6.6870	6.3125
10.2007	9.4424	8.7715	8.1757	7.6446	7.1695	6.7429	6.3587
10.3711	9.5802	8.8832	8.2664	7.7184	7.2297	6.7921	6.3988
10.5288	9.7066	8.9847	8.3481	7.7843	7.2829	6.8351	6.4338
10.6748	9.8226	9.0770	8.4217	7.8431	7.3300	6.8729	6.4641
11.2578	10.2737	9.4269	8.6938	8.0552	7.4957	7.0027	6.5660
11.6546	10.5668	9.6442	8.8552	8.1755	7.5856	7.0700	6.6166
11.7172	10.6118	9.6765	8.8786	8.1924	7.5979	7.0790	6.6231
11.9246	10.7574	9.7791	8.9511	8.2438	7.6344	7.1050	6.6418
12.2335	10.9617	9.9148	184.5648	289.0022	450.7359	700.2330	1083.6574

附表4 年金終值利率因子表

期數	1%	2%	3%	4%	5%	6%	7%
1	1.0000	1.0000	1.0000	1.0000	1.0000	1.0000	1.0000
2	2.0100	2.0200	2.0300	2.0400	2.0500	2.0600	2.0700
3	3.0301	3.0604	3.0909	3.1216	3.1525	3.1836	3.2149
4	4.0604	4.1216	4.1836	4.2465	4.3101	4.3746	4.4399
5	5.1010	5.2040	5.3091	5.4163	5.5256	5.6371	5.7507
6	6.1520	6.3081	6.4684	6.6330	6.8019	6.9753	7.1533
7	7.2135	7.4343	7.6625	7.8983	8.1420	8.3938	8.6540
8	8.2857	8.5830	8.8923	9.2142	9.5491	9.8975	10.2598
9	9.3685	9.7546	10.1591	10.5828	11.0266	11.4913	11.9780
10	10.4622	10.9497	11.4639	12.0061	12.5779	13.1808	13.8164
11	11.5668	12.1687	12.8078	13.4864	14.2068	14.9716	15.7836
12	12.6825	13.4121	14.1920	15.0258	15.9171	16.8699	17.8885
13	13.8093	14.6803	15.6178	16.6268	17.7130	18.8821	20.1406
14	14.9474	15.9739	17.0863	18.2919	19.5986	21.0151	22.5505
15	16.0969	17.2934	18.5989	20.0236	21.5786	23.2760	25.1290
16	17.2579	18.6393	20.1569	21.8245	23.6575	25.6725	27.8881
17	18.4304	20.0121	21.7616	23.6975	25.8404	28.2129	30.8402
18	19.6147	21.4123	23.4144	25.6454	28.1324	30.9057	33.9990
19	20.8109	22.8406	25.1169	27.6712	30.5390	33.7600	37.3790
20	22.0190	24.2974	26.8704	29.7781	33.0660	36.7856	40.9955
21	23.2392	25.7833	28.6765	31.9692	35.7193	39.9927	44.8652
22	24.4716	27.2990	30.5368	34.2480	38.5052	43.3923	49.0057
23	25.7163	28.8450	32.4529	36.6179	41.4305	46.9958	53.4361
24	26.9735	30.4219	34.4265	39.0826	44.5020	50.8156	58.1767
25	28.2432	32.0303	36.4593	41.6459	47.7271	54.8645	63.2490
30	34.7849	40.5681	47.5754	56.0849	66.4388	79.0582	94.4608
35	41.6603	49.9945	60.4621	73.6522	90.3203	111.4348	138.2369
36	43.0769	51.9944	63.2759	77.5983	95.8363	119.1209	148.9135
40	48.8864	60.4020	75.4013	95.0255	120.7998	154.7620	199.6351
50	64.4632	84.5794	112.7969	152.6671	209.3480	290.3359	406.5289

8%	9%	10%	11%	12%	13%	14%	15%
1.0000	1.0000	1.0000	1.0000	1.0000	1.0000	1.0000	1.0000
2.0800	2.0900	2.1000	2.1100	2.1200	2.1300	2.1400	2.1500
3.2464	3.2781	3.3100	3.3421	3.3744	3.4069	3.4396	3.4725
4.5061	4.5731	4.6410	4.7097	4.7793	4.8498	4.9211	4.9934
5.8666	5.9847	6.1051	6.2278	6.3528	6.4803	6.6101	6.7424
7.3359	7.5233	7.7156	7.9129	8.1152	8.3227	8.5355	8.7537
8.9228	9.2004	9.4872	9.7833	10.0890	10.4047	10.7305	11.0668
10.6366	11.0285	11.4359	11.8594	12.2997	12.7573	13.2328	13.7268
12.4876	13.0210	13.5795	14.1640	14.7757	15.4157	16.0853	16.7858
14.4866	15.1929	15.9374	16.7220	17.5487	18.4197	19.3373	20.3037
16.6455	17.5603	18.5312	19.5614	20.6546	21.8143	23.0445	24.3493
18.9771	20.1407	21.3843	22.7132	24.1331	25.6502	27.2707	29.0017
21.4953	22.9534	24.5227	26.2116	28.0291	29.9847	32.0887	34.3519
24.2149	26.0192	27.9750	30.0949	32.3926	34.8827	37.5811	40.5047
27.1521	29.3609	31.7725	34.4054	37.2797	40.4175	43.8424	47.5804
30.3243	33.0034	35.9497	39.1899	42.7533	46.6717	50.9804	55.7175
33.7502	36.9737	40.5447	44.5008	48.8837	53.7391	59.1176	65.0751
37.4502	41.3013	45.5992	50.3959	55.7497	61.7251	68.3941	75.8364
41.4463	46.0185	51.1591	56.9395	63.4397	70.7494	78.9692	88.2118
45.7620	51.1601	57.2750	64.2028	72.0524	80.9468	91.0249	102.4436
50.4229	56.7645	64.0025	72.2651	81.6987	92.4699	104.7684	118.8101
55.4568	62.8733	71.4027	81.2143	92.5026	105.4910	120.4360	137.6316
60.8933	69.5319	79.5430	91.1479	104.6029	120.2048	138.2970	159.2764
66.7648	76.7898	88.4973	102.1742	118.1552	136.8315	158.6586	184.1678
73.1059	84.7009	98.3471	114.4133	133.3339	155.6196	181.8708	212.7930
113.2832	136.3075	164.4940	199.0209	241.3327	293.1992	356.7868	434.7451
172.3168	215.7108	271.0244	341.5896	431.6635	546.6808	693.5727	881.1702
187.1021	236.1247	299.1268	380.1644	484.4631	618.7493	791.6729	1014.3457
259.0565	337.8824	442.5926	581.8261	767.0914	1013.7042	1342.0251	1779.0903
573.7702	815.0836	1163.9085	1668.7712	2400.0182	3459.5071	4994.5213	7217.7163

國家圖書館出版品預行編目（CIP）資料

從EPS到ESG——案例式財務管理 / 李智仁,
林景新著. -- 二版. -- 臺北市：五南圖書出
版股份有限公司, 2024.01
　　面；　公分
　ISBN 978-626-366-866-9(平裝)

1.CST: 財務管理

494.7　　　　　　　　　　　11202095

1FTQ

從EPS到ESG──案例式財務管理

作　　　者 ― 李智仁、林景新（118.7）

發 行 人 ― 楊榮川

總 經 理 ― 楊士清

總 編 輯 ― 楊秀麗

副總編輯 ― 劉靜芬

責任編輯 ― 林佳瑩

封面設計 ― 姚孝慈

出 版 者 ― 五南圖書出版股份有限公司

地　　　址：106臺北市大安區和平東路二段339號4樓

電　　　話：(02)2705-5066　　傳　　真：(02)2706-6100

網　　　址：https://www.wunan.com.tw

電子郵件：wunan@wunan.com.tw

劃撥帳號：01068953

戶　　　名：五南圖書出版股份有限公司

法律顧問　林勝安律師

出版日期　2020年3月初版一刷（共二刷）
　　　　　2024年1月二版一刷

定　　　價　新臺幣420元

經典永恆・名著常在

五十週年的獻禮──經典名著文庫

五南，五十年了，半個世紀，人生旅程的一大半，走過來了。

思索著，邁向百年的未來歷程，能為知識界、文化學術界作些什麼？

在速食文化的生態下，有什麼值得讓人雋永品味的？

歷代經典・當今名著，經過時間的洗禮，千錘百鍊，流傳至今，光芒耀人；

不僅使我們能領悟前人的智慧，同時也增深加廣我們思考的深度與視野。

我們決心投入巨資，有計畫的系統梳選，成立「經典名著文庫」，

希望收入古今中外思想性的、充滿睿智與獨見的經典、名著。

這是一項理想性的、永續性的巨大出版工程。

不在意讀者的眾寡，只考慮它的學術價值，力求完整展現先哲思想的軌跡；

為知識界開啟一片智慧之窗，營造一座百花綻放的世界文明公園，

任君邀遊、取菁吸蜜、嘉惠學子！